R语言
数据高效处理 指南

黄天元◎著

北京大学出版社
PEKING UNIVERSITY PRESS

内 容 提 要

R 语言在近 10 年来已经发生了日新月异的变化，不仅在内容上更加丰富多彩，而且在计算效率上也有了大幅的提升。它被更加广泛地用于数据可视化、统计建模、机器学习等领域，而且还能实现网络爬虫、网络应用开发等功能，成为数据科学领域的全能型工具。R 语言在学术界的地位已经不容置疑，在大数据时代它是保证研究可重复性的重要工具。随着功能的日益完善，R 语言已经进军工业界，并在金融、保险、医疗、生物和信息计量等不同的应用场景中大放异彩，潜力不可估量。

尽管 R 语言能够实现丰富多样的实际功能和框架，但是其本质是面向数据的，因此数据处理是 R 语言核心中的核心。如果能够掌握高效的数据操作技术，就能够在各类数据分析任务中如鱼得水。本书定位即为"R 语言数据处理 101"，希望 R 语言的使用者能够在较早的阶段就习得最基本而有效的数据处理基本技术。

本书读者群体包括在校的大学生、数据分析从业人员和致力于更加高效地处理数据的所有的 R 语言使用者。尽管对数据科学、计算机编程、统计学有一定基础会帮助理解本书的内容，但这不是必需的，来自包括初学者在内的各个层次的读者群体都能从本书中有所收获。读者在本书中不仅能够学到数据处理中的实用技术，还能培养在数据分析中的探索性思维。可以作为零基础学习数据分析的教程、进阶数据分析实用技巧的参考书、常备查询的案头工具书，以及具有一定趣味性的数据分析入门启蒙书。

图书在版编目(CIP)数据

R语言数据高效处理指南 / 黄天元著. —北京：北京大学出版社，2019.9
ISBN 978-7-301-30608-6

Ⅰ.①R… Ⅱ.①黄… Ⅲ.①程序语言—程序设计—指南②数据处理—指南 Ⅳ.①TP312-62②TP274-62

中国版本图书馆CIP数据核字(2019)第168616号

书　　　　名	R语言数据高效处理指南	
	R YUYAN SHUJU GAOXIAO CHULI ZHINAN	
著作责任者	黄天元　著	
责 任 编 辑	吴晓月　　王蒙蒙	
标 准 书 号	ISBN 978-7-301-30608-6	
出 版 发 行	北京大学出版社	
地　　　　址	北京市海淀区成府路205 号　100871	
网　　　　址	http://www.pup.cn　　　新浪微博: @北京大学出版社	
电 子 信 箱	pup7@ pup.cn	
电　　　　话	邮购部 010-62752015　发行部 010-62750672　编辑部 010-62580390	
印 刷 者	北京大学印刷厂	
经 销 者	新华书店	
	787毫米×1092毫米　16开本　13.25印张　309千字	
	2019年9月第1版　2019年9月第1次印刷	
印　　　　数	1—4000册	
定　　　　价	59.00元	

INTRODUCTION

在大数据时代，基本的数据分析知识是每一个人都必须了解和掌握的。数据分析很简单，其根本框架可以用一张思维导图来展现；数据分析很复杂，涉及数学知识、统计学知识、算法逻辑，以及硬件支持、软件实现和业务背景等内容。R 语言是实现数据分析的一大利器，作为科研工作者与开源技术爱好者，笔者用 R 语言做过数据清洗、数据批处理、数据可视化、网络爬虫、文本挖掘、社交网络分析、时空分析、机器学习和网页应用设计等各种项目。但是，万变不离其宗，R 语言的处理对象是数据，因此要想完成诸多数据任务，无一例外都要用到的最根本技术——数据操作。因此这方面的知识应该是学习 R 语言的初学者熟练掌握的内容。为了让广大的 R 语言用户能够"领先一步，领先一路"，本书对最基本的数据操作知识做了较详细的介绍。同时，也希望本书能吸引更多对数据分析感兴趣的读者，希望他们阅读之后能了解、学习并熟练掌握 R 语言，从而获得高效处理数据的基本技能。

R 语言的开源社区是一个技术交流极其活跃的地方，各种技术"大牛"都会在社区无私地分享自己辛勤劳动的成果，不仅避免了社区中的同行重复劳动，而且大大推进了数据分析技术的繁荣发展。笔者在开始学习 R 语言的时候，其实仅仅是个"调包侠"。也就是通过不断复制、粘贴高手的代码，来完成自己的任务。日积月累之后，笔者对 R 语言的整个数据分析体系越来越了解，为了对更加深入的问题进行探寻，决定系统地学习 R 语言。R 语言是一种越学越容易的语言，也就是当你学习新知识的时候，你会发现这些知识与你之前学习的知识非常相似，因此需要付出的时间相对较短。

本书的内容，最初仅是作为个人学习的记录，上传到了笔者课题组所维护的论坛中。后来笔者在开源社区学到了很多知识，就产生了把自己在数据分析中的经验和心得分享给大家的想法。那时候笔者就开始向 R 语言中文社区投稿，日积月累，写了不少帖子。但是将它们整理成书，还是遇

到了不少困难。因为笔者必须换位思考，要兼顾不同层次、不同领域读者的需求，这样才能写出一本适用性较强的书，才能够真正帮到最广泛的读者群体。本书力求成为"R语言数据处理101"，希望能够给初学者一个正确的引导。同时，本书也提到了很多详细的技术细节，对有一定经验的数据分析从业者也有较强的参考意义。

尽管笔者竭力将自己的研究和经验总结得全面、深入，但技术的发展日新月异，而个人的知识与能力终究有限，纰漏之处在所难免，希望各位读者不吝赐教，共同将本书打造得更完美。

本书所涉及的源代码及第9章的参考答案已上传到百度网盘，供读者下载。请读者关注封底"博雅读书社"微信公众号，找到"资源下载"栏目，根据提示获取。

目 录
CONTENTS

第1部分
基础知识

万丈高楼平地起，越是希望随心所欲、灵活巧妙地处理数据，就越需要具备最扎实、最根本的基础知识。作为全书的第一部分，本章首先介绍什么是数据处理；然后对本书主要的实现工具——R语言进行了概览式的讲解，力求让没有接触过R语言的读者也能够快速入门；最后会对数据基本操作的范式进行讲解，让大家对此有一个清晰的认识。

第1章

数据处理总论

　　"大数据"的概念在近几年被炒得很热，几乎家喻户晓。但是，其实在这个概念没有被提出或重视之前，数据处理的科学运用就已经充斥在人们生活、学习、工作的方方面面。中国古代由对农时的记录，订立的二十四节气，就是对周期性数据的记录和运用。商业兴盛之时，物质与财产的流动也会产生大量的数据，商人会雇用出纳、会计来对这些数据进行记录、整理、监督和核算。随着计算机技术的飞速发展，数据的存储和运算越来越便捷，运算方式由之前的利用算盘和账簿变成了利用计算机，但是数据处理的基本概念和核心价值是不会变的。本章首先介绍数据处理的定义，然后对其意义进行简单的探讨，最后对当代数据处理的实现工具进行介绍。

1.1 数据处理的定义

　　数据处理的基本目的是从大量杂乱无章、难以理解的数据中抽取有价值、有意义的数据，其基本内容包括对数据的采集、存储、检索、加工、变换和传输。这样的定义显然太过简单而宽泛，为了完善这个定义，我们先了解一下数据处理的子概念：数据预处理、数据清洗和ETL。

　　数据预处理（data preprocessing）是指在主要处理以前对数据进行的一些处理。主要处理之前的处理就是预处理。那么，什么样的处理可以看作是主要的，什么样的处理可以看作是次要的？有数据挖掘或者建模经验的从业者应该知道，我们喜欢用数据作一些图（专业名称为数据可视化），或者做一些表格，然后揭示一定的道理。尽管如此，其实大量的时间不是花在作图和表格上，而是花在预处理上。没有高质量的数据，再华丽的模型也无济于事，业界、科研界都知道这么一个道理：垃圾进，垃圾出（garbage in, garbage out）。因此，对于实际生产、工作中不完整、不一致的杂乱数据，必须要进行预处理才能够进行数据挖掘。为了提高数据的质量，数据预处理技术应运而生，其方法包括数据清理、数据集成、数据变化、数据规约、数据审核、数据筛选和数据排序等。根据数据本身具有的特点，预处理技术种类也是丰富多样的。

　　数据清洗（data cleaning）是指发现并纠正数据文件中可识别错误的最后一道程序，包括检查数据一致性、处理无效值和缺失值等。输入后的数据清理一般是由计算机完成的，不需要手动操作。既然称为清洗，说明数据是"脏"的，因此才要按照一定的规则进行处理。数据清洗的任务是过滤那些不符合要求的数据，将过滤的结果交给业务主管部门，确认是否应该过滤，还是应该由业务单位修正之后再进行抽取。不符合要求的数据主要包含不完整的数据、错误的数据、重复的数据三大类。数据出错的原因有很多，有的是因为数据采集操作不得当（例如，去做问卷调查时发现没有注意采样的性别比例，结果选的全部是女性或男性），有的是随机出现的状况（例如，想要知道客户的用电情况，结果选的日期恰好包含停电维修的日期），有的是因为人工失误（例如，手一抖，多加一个零）。无论何种情况，这些数据都是不能直接使用的，否则对最后的决策具有误导作用。

ETL，是英文 Extract Transform Load 的缩写，用来描述将数据从来源端经过抽取（Extract）、交互转换（Transform）、加载（Load）至目标端的过程。ETL 一词常用在数据仓库，但其对象并不限于数据仓库。ETL 是构建数据仓库的重要一环，用户从数据源抽取所需的数据，经过数据清洗，最终按照预先定义的数据仓库模型，将数据加载到数据仓库中。

上面提到的 3 个概念，既有重叠的部分，又有各自的特点。不过毫无疑问，三者都涵盖了数据处理的内容。本书中所讲的数据处理是指针对关系型数据模型的二维表数据结构所进行的各种读写变换。简单地说，就是针对表格数据进行的各种操作，包括筛选、排序、分组、汇总等。

1.2　数据处理的意义

为什么要进行数据处理？这个问题很好回答。因为数据都是零散的、不规整的、不符合要求的，为了把它们转化为可以直接使用的数据，必须进行数据处理。

例如，现在想要分析某高校男生的身高水平，但是拿到的表格数据中包括男生身高和女生身高，那么就需要进行数据处理，把只包含男生的数据筛选出来。听起来有点像Excel中的日常操作。再如，想要查看哪个商品卖得最好，但是表格中的数据没有任何规律可循，这时可以对商品成交量记录从大到小排序。这些操作，都是数据处理。

也就是说，数据处理最根本的意义在于，原始的表格数据没办法直接满足我们的需要。因此我们需要通过"魔法"般的处理技术，对数据进行变化，最终来满足应用需求。尽管目前机器学习、深度学习已经如日中天，但是基础的数据处理是永远不会被淘汰的技术，因为任何方法都必须尊重人类最原始的业务分析目标。在未来，会有自动参数搜索的算法，建模的过程可能会被弱化。但是如何对获得的原始数据进行整理，构造特征，人们还在不断地摸索。如何把这些零散的表格转化为结构化的数据，从而让它们能够产生实实在在的价值，是数据处理的根本意义所在。

1.3　数据处理基本工具

数据处理的工具非常多,相信读者或多或少地接触过其中的一种或几种。能够完成数据处理的软

件工具包括 Access、Excel、MATLAB、R、Python 和 Oracle 等。它们有的需要付费，有的则完全开源免费。从普及程度来说，相信使用 Windows 的用户大部分都会用 Excel，它是做数据处理的基本软件，里面有筛选、替换、排序等功能，交互式操作极其便捷。事实上，在"大数据"还没有兴起时，能够用 Excel 做透视表是求职时非常重要的加分项（也许现在还是）。但是随着科学技术的发展，各个机构、企业的数据越来越多，Excel 已无法满足多样化的需求了。

如果让笔者对这些工具进行分类，主要依据两个标准。一个标准是操作以什么为主，分鼠标流和键盘流，也就是以鼠标操作为主，还是以键盘操作为主。毫无疑问，Excel 是一个以鼠标操作为主的工具。尽管它有 VBA，能够支持使用函数进行结构化的查询，但只有少数用户能够掌握这个技能。对于轻量级的数据而言，这种能够采用鼠标拖曳来赋值的功能非常直观，而且在可视化方面，无论是做三线表还是一些简单的统计图，都相当便捷。但是鼠标的局限就在于，如果数据量庞大，只用鼠标就应付不过来了，这时键盘流就应运而生了。R 语言就属于键盘流，它的好处是在处理大型数据集的时候，能够更加灵活地处理数据。还有一点，目前 Office 套件的工具实在是太多了，光是记忆这些功能就非常困难，然后还要知道它们各自在什么位置，又要费一番工夫。R 语言就完全不同，它是完全基于命令行进行操作的。当学会了如何查找帮助文档之后，要用什么就找什么，通过加载相应的包来解决特定的问题。所以当看到 Excel 界面的时候也许会觉得工具太多了（图 1-1），而 R 语言竟然就像一张白纸一样（图 1-2）。

图 1-1　Excel 交互式界面

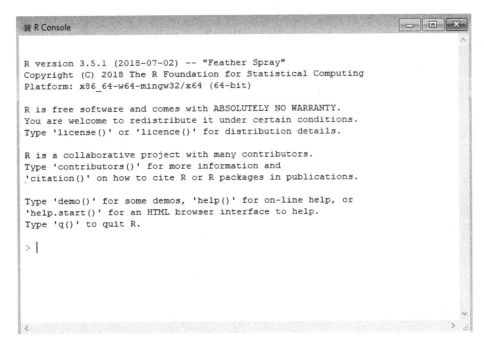

图 1-2　R 语言交互式界面

另一个分类标准，就是这些工具是否开源。开源的定义是用户能够利用源代码，并在此基础上修改、学习，不过开源是有版权的，同样受到法律保护。一个重要的区别是，开源软件是可以免费试用的，而闭源软件则需要付费使用。尽管家喻户晓的 Excel 在开机的时候已经装在了一部分计算机中，但是其实人们在买计算机时，就已经包含了购买 Windows 系统和 Office 工具的费用。也就是说，Excel 其实是需要付费使用的。付费的软件是由微软维护的，微软公司的工程师会不断开发软件的新功能。而开源的 R 语言则是开放社区自发维护的，也就是说如果开发者做了一个包感觉不错，并愿意分享给大家，那么他就可以把包发布到网上，所有人都可以使用。如果有 bug，大家可以及时指出来，开发者会不断优化这个包，或者有"大咖"直接在该包的基础上进行修改，然后发布到社区。

本书将要介绍的数据处理工具就是 R 语言，不过它的功能不仅限于数据处理。R 语言其实是 S 语言的衍生品。AT&T 贝尔实验室在 1980 年开发了 S 语言，当时的目标就是开发一款进行数据探索、统计分析和作图的解释型语言。语言不能脱离软件而存在，当时实现 S 语言的软件是 S-PLUS，它是一款商业软件。随后，新西兰奥克兰大学的志愿者开发了 S 语言的另一种实现，带头人是 Robert Gentleman 和 Ross Ihaka，后来把他们名字的首字母作为该语言的名称，R 语言就此诞生。R 语言最初的定位就是统计分析与可视化，语法通俗易懂。而且只要学会之后，能够充分利用前人积累的代码和软件包，迅速实现个性化的需求，从而达到"站在巨人的肩膀上"的效果。

第2章

R 语言编程基础

凡是语言，皆为工具。C、Java、Python 乃至英语，无一例外。工具是表现人类
思维的手段，而不是目的。R 语言是人们为了实现统计计算和数据可视化愿望而开发的
工具，简单易用，能够大大提高人们实现算法的效率。本章将介绍 R 语言的基本概念，
希望读者能够通过本章的学习掌握使用 R 语言的基本技巧。

2.1 下载安装

R 软件是一款免费开源的软件，能够在包括 Windows、Linux 和 macOS X 在内的各种操作系统
上运行。要安装 R 软件，首先要登录官网 https://www.r-project.org/。首页就会显示下载的链接（图
2-1 的方框中显示的是通向下载页的下载链接），进入后会让我们选择镜像，我们选择中国（China）
地区的镜像即可。下载后单击运行，整个安装过程基本是向导式的操作，进行相应选择设置，然后
单击"下一步"按钮即可。用户可以自定义安装在任意的路径，可以选择安装 32 位或 64 位，也可
以两者都安装。

图 2-1　R 官网首页

R 的开发环境有很多，这里首推 RStudio，可以在官网 https://www.rstudio.com/ 中进行下载，官方文档中有它的使用说明。如果用户不习惯使用 IDE（集成开发环境），在开始学习的时候，直接使用 R 软件也是可以的。图 2-2 所示为 RStudio 的官网首页。

图 2-2　RStudio 官网首页

2.2　包的使用

R 语言的强大之处，在于它可以"即插即用"各种安装包，从而完成不同的功能。截止到 2018 年 11 月 29 日，CRAN 平台上收录了 13465 个包，而很多社区爱好者也会在 GitHub 上把自己编写的程序共享到平台上，以便其他用户使用。R 语言的流行正是源于用户自己编写并共享这些包，并在此过程中互相帮助，互惠互利。

在 R 语言中安装包非常简单，只需一步即可，例如，我们要安装名为 pacman 的包，命令如下：

```
install.packages("pacman")
```

安装之后，还需要加载包，才能使用包中的函数。加载过程如下：

```
library(pacman)
```

事实上，安装的 pacman 包能够帮助我们管理其他包。在加载了 pacman 包之后，如果想要安装并加载其他包，可以直接使用 p_load() 函数，例如，我们要加载 installr 包，可以这样操作：

```
p_load(installr)
```

如果已经安装了 installr 包，则会直接加载进来。如果没有安装，这个操作会先下载 installr 包，下载完成后自动加载这个包。本书会经常用 pacman 这个包来管理其他包，官网包含这个包的使用指南，读者可自行去官网查阅，首页如图 2-3 所示。

pacman Functions: Quick Reference

Tyler W. Rinker & Dason Kurkiewicz

Installing, Loading, Unloading, Updating, & Deleting

Pacman Function	Base Equivalent	Description
p_load	install.packages + library	Load and Install Packages
p_install	install.packages	Install Packages from CRAN
p_load_gh	NONE	Load and Install GitHub Packages
p_install_gh	NONE	Install Packages from GitHub
p_install_version	install.packages & packageVersion	Install Minimum Version of Packages
p_temp	NONE	Install a Package Temporarily
p_unload	detach	Unload Packages from the Search Path
p_update	update.packages	Update Out-of-Date Packages

图 2-3　pacman 使用指南

2.3　数据类型

作为一门语言，R 的处理对象是数据，数据就是 R 语言处理的最基本单位。数据有很多类型，R 语言中最基本的数据类型包括数值型、逻辑型、字符型和因子型 4 种，下面我们会一一进行介绍。

1. 数值型

数值型非常简单，就是我们日常说的数字，如 12345。我们可以用 mode() 函数对数值型数据进行审视：

```
a = 12345      #把 12345 赋值给 a

mode(a)        #查看 a 的数据类型



## [1] "numeric"
```

2. 逻辑型

逻辑型数据只有两种类型，即真（TRUE）和假（FALSE）。这两个字符是 R 语言的保留字符，同时可以简写为 T 和 F。

```
b = F
b

## [1] FALSE

mode(b)

## [1] "logical"
```

3. 字符型

字符型数据也就是字符串，我们遇到的文本格式的数据都是这种类型的数据，如"复旦大学""北京大学出版社""Hope"等。

```
text = "Hope loves R"
text

## [1] "Hope loves R"

mode(text)

## [1] "character"
```

4. 因子型

因子数据类型是 R 语言的特色数据类型，它代表字符和数字的映射关系。很多时候我们读入数据的时候，程序会自动把字符型转化为因子型数据，例如，用 read.csv 函数读性别数据，那么"男""女"会被认为是因子变量，并用 1 和 2 来代表。这样做的优点是节省了存储空间，缺点是直接把字符型的数据读作数字，很多时候我们需要用 as.character() 函数重新更改数据类型。

```
male = as.factor(" 男 ")   #把字符型数据 " 男 " 转化为因子变量，赋值给 male 变量

male


## [1] 男

## Levels: 男


mode(male)


## [1] "numeric"
```

数据类型居然是数值型。我们还可以用其他方法判断它是否为因子型：

```
is.factor(male)    #判断 male 是否为因子型数据


## [1] TRUE
```

以上数据我们都可以使用 as. 作为前缀，然后强制进行数据类型转换，可以使用 is. 作为前缀判断变量是否为该类型的数据。此外，还需要注意的一种数据类型是缺失值，缺失值以 NA 表示，也是 R 语言中的保留字。

```
no.value = NA

no.value


## [1] NA
```

2.4 数据结构

本节我们来讲一下数组、列表、数据框。

1. 数组

如果读者学过其他计算机语言，应该对数组（Array）有印象。数组是有序的元素序列，可以存储多个同类型的数据。在数学和物理学中，有一个专业名词叫作张量（Tensor），我们称第零阶

张量为标量（Scalar），如单个数字。

第一阶张量为向量（Vector），也就是一维数组（图 2-4），可以理解为只有一行的数据。在 R 语言中可以用 c() 来定义一个向量，例如：

```
new.vector = c(1,2,3)

new.vector


## [1] 1 2 3
```

图 2-4　向量数据结构示意图

向量不仅可以放数值型的数据，还可以放其他类型的数据，如字符型：

```
character.vector = c("a","b","c")

character.vector


## [1] "a" "b" "c"
```

我们可以用 class() 函数查看向量中的数据类型：

```
class(new.vector)


## [1] "numeric"


class(character.vector)


## [1] "character"
```

第二阶张量为矩阵（Matrix），可以理解为二维数组（图 2-5），包括行和列两个部分，不过矩阵内所有数据的类型都是一致的。R 语言中矩阵的创建可以使用 matrix() 函数，例如：

```
matrix.1 = matrix(c(1,2,3,4,5,6), nrow = 2)      #创建一个 2*3 矩阵，放的数字为 1 ～ 6
                                                  的整数
```

```
matrix.1

##      [,1] [,2] [,3]

## [1,]   1    3    5

## [2,]   2    4    6
```

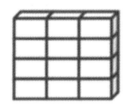

图 2-5 矩阵数据结构示意图

第三阶或以上的张量,可以简单理解为多维数组(图 2-6)。尽管很难在平面结构上展示这些数据,但是在实际应用中多维数组是有用的数据结构, 如图像数据就会有三维, 视频数据会有四维。在 R 语言中数组可以用 array 函数进行定义:

```
array3 = array(1:27,c(3,3,3)) #创建一个 3*3*3 的三维数组

array3

## , , 1

##

##      [,1] [,2] [,3]

## [1,]   1    4    7

## [2,]   2    5    8

## [3,]   3    6    9

##

## , , 2

##

##      [,1] [,2] [,3]
```

```
## [1,]    10    13    16

## [2,]    11    14    17

## [3,]    12    15    18

##

## , , 3

##

##       [,1] [,2] [,3]

## [1,]    19    22    25

## [2,]    20    23    26

## [3,]    21    24    27
```

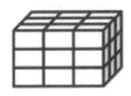

图 2-6　三维数组数据结构示意图

2. 列表

列表是一个非常有特色的数据类型，它有一点像向量，但是 R 语言中允许列表中存在不同的数据类型，甚至允许放入不同的数据结构（图 2-7），如能够放一个向量和一个矩阵。在 R 语言中可以用 list 函数来定义一个列表：

```
mix.list = list(new.vector,matrix.1)

mix.list


## [[1]]

## [1] 1 2 3

##

## [[2]]
```

```
##      [,1] [,2] [,3]
## [1,]   1    3    5
## [2,]   2    4    6
```

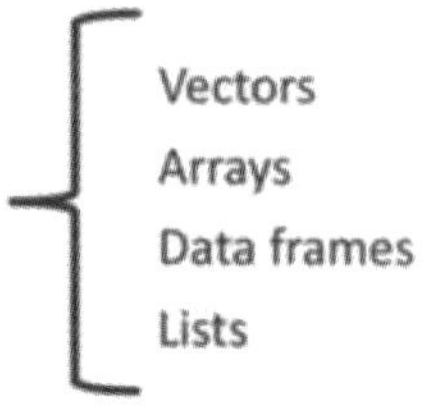

图 2-7　列表数据结构示意图

有一个形象的比喻，一个列表就像一列火车，里面什么都能装，什么时候用，什么时候拿出来。其实列表的使用非常灵活，我们可以在实践中慢慢理解。

3. 数据框

数据框是 R 语言中非常重要的数据类型，它由行和列组成，看起来像一个矩阵。但是它的每一列都是一个数组，可以将其看作是由不同的数组组合而成的；它的每一行可以看作一个列表，存放不同类型的数据。下面来看一个典型的数据框：

```
head(iris)   #查看自带数据集 iris 的前6行
```

```
##   Sepal.Length Sepal.Width Petal.Length Petal.Width Species
## 1          5.1         3.5          1.4         0.2  setosa
## 2          4.9         3.0          1.4         0.2  setosa
## 3          4.7         3.2          1.3         0.2  setosa
## 4          4.6         3.1          1.5         0.2  setosa
## 5          5.0         3.6          1.4         0.2  setosa
## 6          5.4         3.9          1.7         0.4  setosa


str(iris)    #查看数据框的数据结构
```

```
## 'data.frame':    150 obs. of  5 variables:
## $ Sepal.Length: num  5.1 4.9 4.7 4.6 5 5.4 4.6 5 4.4 4.9 ...
## $ Sepal.Width : num  3.5 3 3.2 3.1 3.6 3.9 3.4 3.4 2.9 3.1 ...
## $ Petal.Length: num  1.4 1.4 1.3 1.5 1.4 1.7 1.4 1.5 1.4 1.5 ...
## $ Petal.Width : num  0.2 0.2 0.2 0.2 0.2 0.4 0.3 0.2 0.2 0.1 ...
## $ Species     : Factor w/ 3 levels "setosa","versicolor",..: 1 1 1 1 1 1
## 1 1 1 1 ...
```

我们可以看到，最后一列 Species 是因子型的数据，其他列都是数值型的数据。需要注意的一点是数据框一般都包含表头，也就是列名称。它提供了关于该列数据的信息，如最后一列的名称为 Species，那么就可以知道这一列是物种类型的数据。

2.5 程序控制

理论和时间证明，无论是多么复杂的算法，都可以使用顺序结构、分支结构和循环结构 3 种基本的控制结构构造出来。3 种结构的示意图如图 2-8 所示。R 语言作为一门计算机语言，能够实现这 3 种最基本的控制结构。

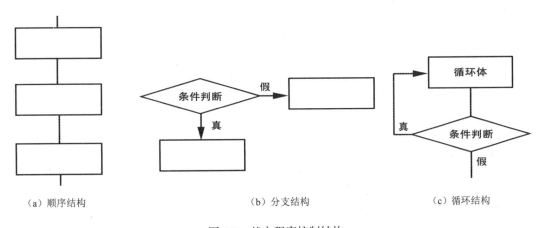

（a）顺序结构　　　　　　　　（b）分支结构　　　　　　　　（c）循环结构

图 2-8　基本程序控制结构

1. 顺序结构

所谓顺序结构，就是编程需要有先后的顺序，依次运行代码。它是一种非常自然的结构，自上而下，极其便捷。例如，我们希望先求 a 和 b 之和，再求 b 和 c 之和：

```
a = 1; b = 2; c = 3

ab = a + b

abc = ab +c

abc
```

```
## [1] 6
```

2. 分支结构

分支结构就是在运行之前，需要对条件是否满足进行判断。如果符合条件，那么继续运行，否则就要跳过。在程序中，分支结构需要使用 if 语句进行控制：

```
p = 3

if(p < 4) print("p < 4") else print("p > 4")
```

```
## [1] "p < 4"
```

3. 循环结构

循环结构就是要枚举所有可能的情况，进行一次遍历。在 R 语言中使用循环有两种方法：一种是使用 for 循环，从而遍历所有内容；另一种是使用 while 循环，只要满足条件就一直执行，直到条件不满足才退出。下面各举一例：

```
#for 循环

for(i in 1:3) print(i)
```

```
## [1] 1

## [1] 2

## [1] 3
```

```
#while 循环

i = 0
```

```
while(i<=3){

  i = i + 1

  print(i)

}



## [1] 1

## [1] 2

## [1] 3

## [1] 4
```

2.6　函数式编程

　　函数就是一个封装好的程序，通过定义和运用，反复实现同一功能。有句话说得非常好：如果你将一大段代码重复用了 3 次，那么是时候给它写一个函数了。事实上，R 语言非常强调函数式编程。很多时候我们对一些内部函数的细节不需要进行细致的把握，只要知道它用来完成什么功能就可以了。我们可以不断使用别人的包，调用别人编写好的函数，实现自己需要的功能。R 语言中使用 function 来定义一个函数，例如：

```
#定义一个求平方和的函数

squared_sum = function(x,y){

  x^2 + y^2

}



squared_sum(3,4)



## [1] 25
```

　　事实上，R 语言中有很多的内置函数可以供程序员调用，如求和函数（sum）、求平均值函数（mean）：

```
a = c(1,2,3)

sum(a)


## [1] 6


mean(a)


## [1] 2
```

当把数据导入 R 环境中时，我们会用各种不同的函数对其进行操作，从而挖掘出其数据价值。也就是说，整个数据处理的过程基本是用函数实现的。我们后面还会用大量的函数，因此说函数是 R 语言的灵魂一点也不过分。

第3章

数据处理基本范式

在 R 语言流行之前，就已经有数据处理需求了。对数据处理基本范式的探索最早可以追溯到 1970 年，当时在 IBM 工作的牛津大学数学家 Edgar F. Codd 首次提出了"关系模型"，并具体给出了应该遵循的基本准则。其后，陈品山博士在 1976 年提出了实体关系模型（Entity-Relationship Model），运用现实中事物与关系的观点解释数据库中抽象的数据架构。最初对于这些数据处理的实现，主要是由 SQL 语言来完成的。SQL 语言是 1974 年由 Boyce 和 Chamberlin 提出的一种介于关系代数与关系演算之间的结构化查询语言，是一个通用的、功能极强的关系型数据库语言。SQL 对业界的影响是极其深远的，各大软件公司都有支持 SQL 语言的数据库产品，如甲骨文的 Oracle 和微软的 SQL Server。

需要明确的是，工具永远是为了解决问题而存在的，因此这里我们会暂时脱离软件工具来介绍数据处理的基本范式。在后面的学习内容中，我们会发现仅仅在 R 语言中，就有不同的工具包能够实现相同的数据处理，虽然它们的特点也各不相同，但都是为了实现最基础的数据操作。例如，现在有一张二维表格（它就是前面介绍的数据框所表征的形式），需要对表格的数据进行处理。基本处理方法包括创建、删除、检索、插入、排序、过滤、汇总、分组和连接。下面对这些基本的数据操作进行简要介绍。

1. 创建和删除

创建的概念非常简单，就是从无到有建立一张二维表。我们需要知道二维表的构成——行和列。其中，每一列可以称为属性或者特征，在一些数据库系统中，我们创建表格的时候是需要对每一列的属性进行定义的。例如，创建"性别"列的时候，如果里面只有"男"和"女"两种类型的数据，一般需要把它定义为字符型或者因子型。在不同的数据库系统中，定义方法也不一样，但是创建列时应该对列的名称进行定义。每一行则代表一个记录，也就是在现实中的一个实例，如一个人、一个商品或一座城市。

可以创建就可以删除。删除就是把已经存在的表格在环境中删除。

2. 检索

这里讲的检索，是对表格中列的检索，也就是选择列，如图 3-1 所示。选择列可以有很多规则：有时可以选择特定列，如我们想看学生期末语文成绩是多少；有时可以选择连续的列，如我们要看第 1 ~ 10 列的内容；有时可以按照规则选择列，如我们想要检索列名称以 _id 作为后缀的列。

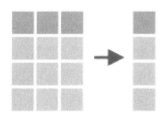

图 3-1　检索

3. 插入

插入就是在表格中插入一行，本质上是总体加入一条记录，如图 3-2 所示。例如，如果老师有全班同学的花名册，现在有一个新的同学加入，那么这个花名册就需要再加一个同学。

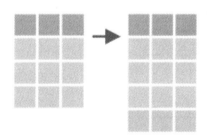

图 3-2　插入行

此外也可以加入一列，如图 3-3 所示。例如，一年级的同学只需要学习语文、数学和英语，如果到了二年级多学一门生物课，那么就需要加入新的一列来记录学生的成绩。

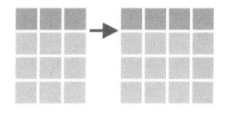

图 3-3　插入列

4．排序

排序是指当遇到数值型数据时，可以让这些记录按照升序或者降序排列（升序就是从小到大排列，降序就是从大到小排列），操作示意图如图 3-4 所示。例如，乱序的 1、3、5、2、4，经过升序排序可以变成 1、2、3、4、5。大家知道，表格可以有很多列，排序时需要指定按照哪一个列排序，如学生有语文、数学和英语成绩，我们只能按照一种成绩排序，否则会乱成一团。不过事实上可以按照多列排序，但是需要有一定顺序，如我们可以用学生的成绩排序，先用语文成绩排序，然后再按照数学成绩排序。本来有的同学语文成绩是相同的，但他们的顺序是随机的，现在，如果学生的语文成绩相同，那么就会按照数学成绩的高低进行排列。

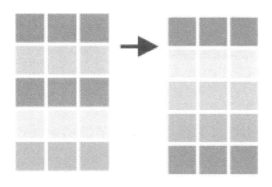

图 3-4　排序

5．过滤

过滤就是按照一定的规则来筛选数据，示意图如图 3-5 所示。例如，以全班同学的成绩为依据，我们可以按照性别筛选出男同学的成绩；也可以按照成绩是否达到 60 分，来筛选出不及格的同学的成绩。

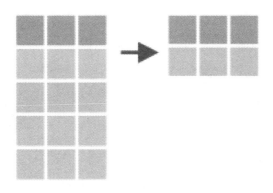

图 3-5　过滤

6. 汇总

汇总就是要用较少的信息来表征较多的信息，如图 3-6 所示。例如，我们现在有全班同学的身高数据，如果对全班同学的身高计算平均值，就完成了一个汇总。原来的数据可能是五十多名学生的身高，现在只用一个平均值就可以代表总体身高的平均水平，用较少的信息，表征了较多的信息。汇总的方法有很多种，除了求平均值，还可以求中位数、最大值和最小值等。

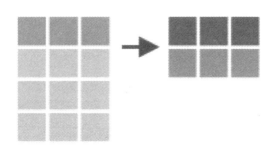

图 3-6　汇总

7. 分组

分组就是按照一定的规则将数据表分类，然后按照类别分别进行操作，如图 3-7 所示。例如，已知一个班的语文成绩，如果想知道男同学的语文成绩和女同学的语文成绩，这时就要根据性别对表格进行分组。分组的功能很强大，例如，现在有 12 个班级，要得到每个班级语文成绩最好的前三名同学，就可以用分组实现。

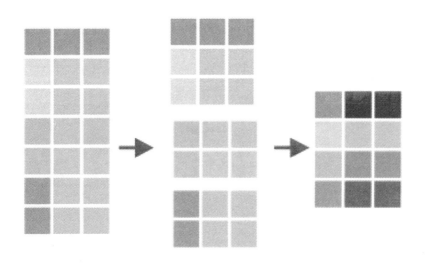

图 3-7　分组

8. 连接

连接就是根据多个表都包含的共同的信息，对多个表格进行合并的过程。连接分为左连接、右连接、全连接和内连接等。假设我们现在知道一些音乐家的名称和他们擅长的乐器类型，以及他们是否从属于某个乐队，但是这两个信息分别在两个表中，这时就需要对表格进行连接。

- 内连接：又称为自然连接，只有两个表格中都包含的信息才会被保留，如图 3-8 所示。在我们的例子中，只有两个表格都出现的音乐家，才会在合并的表格中出现。

name	instrument
John	guitar
Paul	bass
George	guitar
Ringo	drums
Stuart	bass
Pete	drums

+

name	band
John	T
Paul	T
George	T
Ringo	T
Brian	F

=

name	instrument	band
John	guitar	T
Paul	bass	T
George	guitar	T
Ringo	drums	T

图 3-8　内连接

- 左连接：只有左边的（第一个出现的）表格的信息会予以完全保留，右边的表格只有能够匹配左表信息的内容才会得以保留，如图 3-9 所示。如果左表存在的信息在右表中不存在，会自动填充缺失值。

name	instrument
John	guitar
Paul	bass
George	guitar
Ringo	drums
Stuart	bass
Pete	drums

+

name	band
John	T
Paul	T
George	T
Ringo	T
Brian	F

=

name	instrument	band
John	guitar	T
Paul	bass	T
George	guitar	T
Ringo	drums	T
Stuart	bass	NA
Pete	drums	NA

图 3-9　左连接

- 右连接：即左连接的逆运算。
- 全连接：左右表格的信息都会予以保留，无信息处会自动填充缺失值。

第 2 部分
快速入门

　　不同的用户学习 R 语言，往往有不同的目标。有的用户需要用 R 语言的一些函数来实现一些算法，从而完成特定的科学研究；有的用户用 R 语言来做一些简单的文件批处理；有的用户用 R 语言来做金融分析，预测股价；有的用户用 R 语言做网页应用。但是无论用来做什么，都离不开对数据的基本处理。对于每一个初学者而言，基本包是无论如何都不能绕开的，它揭示了 R 语言设计中最根本的架构。在第二部分中会首先介绍如何利用 R 语言基本包来做基础的数据处理，然后会对 RStudio 构建的 tidyverse 生态系统进行深入的介绍。这些知识相对来说比较简单，如果能够被熟练掌握，将来发挥的威力是不可估量的。

第 4 章

base-r：基本数据处理

R 语言是一门面向数据科学的语言，因此只要安装了 R 语言，就可以直接享受到 R 语言在数据处理方面的强大功能。数据框结构是基本包中自带的，R 语言本身具备了处理数据框的能力。尽管 R 语言中有很多与数据处理相关的包，但是它们都无法脱离基本包而存在。基本包的函数是进入 R 语言之后就可以直接用的，关于这些函数的帮助文档，可以在官网（https://stat.ethz.ch/R-manual/R-devel/library/base/html/00Index.html）中找到。在这部分内容中，我们会用 R 语言基本包来实现所有的数据处理基本范式，然后你将会发现用 R 语言中进行数据处理有多么简单。

4.1 数据集及其基本探索

我们将会使用 R 语言基本包中自带的数据集 iris，它是一个非常著名的分类实验数据集，由大名鼎鼎的统计学家 Fisher 整理并共享。这个数据集有 150 行记录，每一行都代表一朵鸢尾花。数据集中包括 5 个属性：花萼长度（Sepal.Length）、花萼宽度（Sepal.Width）、花瓣长度（Petal.Length）、花瓣宽度（Petal.Width）和物种名称（Species）。其中，物种名称是因子变量，一共包含 3 种鸢尾花的类型（setosa/versicolor/virginica），其余均为数值型变量，数值型变量的单位均为厘米（cm）。我们可以用 R 语言基本包的 str 函数来对数据结构进行审视：

```
str(iris)
```

```
## 'data.frame':    150 obs. of  5 variables:
## $ Sepal.Length: num  5.1 4.9 4.7 4.6 5 5.4 4.6 5 4.4 4.9 ...
## $ Sepal.Width : num  3.5 3 3.2 3.1 3.6 3.9 3.4 3.4 2.9 3.1 ...
## $ Petal.Length: num  1.4 1.4 1.3 1.5 1.4 1.7 1.4 1.5 1.4 1.5 ...
```

```
## $ Petal.Width : num  0.2 0.2 0.2 0.2 0.2 0.4 0.3 0.2 0.2 0.1 ...
## $ Species     : Factor w/ 3 levels "setosa","versicolor",..: 1 1 1 1 1 1
1 1 1 1 ...
```

另外，还可以用 summary 函数来观察变量的取值范围：

```
summary(iris)
```

```
##   Sepal.Length     Sepal.Width      Petal.Length     Petal.Width
## Min.   :4.300   Min.   :2.000   Min.   :1.000   Min.   :0.100
## 1st Qu.:5.100   1st Qu.:2.800   1st Qu.:1.600   1st Qu.:0.300
## Median :5.800   Median :3.000   Median :4.350   Median :1.300
## Mean   :5.843   Mean   :3.057   Mean   :3.758   Mean   :1.199
## 3rd Qu.:6.400   3rd Qu.:3.300   3rd Qu.:5.100   3rd Qu.:1.800
## Max.   :7.900   Max.   :4.400   Max.   :6.900   Max.   :2.500
##        Species
## setosa    :50
## versicolor:50
## virginica :50
##
##
##
```

最后，可以用 head 函数观察数据框的前 6 行：

```
head(iris)
```

```
##   Sepal.Length Sepal.Width Petal.Length Petal.Width Species
## 1          5.1         3.5          1.4         0.2  setosa
## 2          4.9         3.0          1.4         0.2  setosa
```

## 3	4.7	3.2	1.3	0.2 setosa
## 4	4.6	3.1	1.5	0.2 setosa
## 5	5.0	3.6	1.4	0.2 setosa
## 6	5.4	3.9	1.7	0.4 setosa

str、summary 和 head 这 3 个函数，是我们对数据框进行探索性分析最常用的"三板斧"。以后在遇到任何数据框的时候，都可以使用这"三板斧"对数据进行探索性的审视。

4.2 基本范式实现

在第 3 章中，我们已经讨论过数据处理的基本范式，并用实际例子加深了对这些操作的理解。下面，我们将会利用 R 语言自带的包来实现这些操作。也就是说，只需要下载 R 语言软件包（裸 R），无须安装任何包，我们就能实现几乎所有的数据分析操作。如果能够熟练掌握这些操作，将有利于我们后面学习其他更加高级的数据处理包。

4.2.1 创建（read.csv/data.frame）

在我们的例子中，数据集是基本包自带的，因此不需要创建，直接就能用。但是在实际的应用场景中，如果要创建一个数据框，有两种方案：第一种是从外部导入，一般而言可以用 read.csv 函数读入外部的 csv 格式数据；第二种是在内部创建，也就是利用 data.frame 函数直接创建符合自己需求的数据集。

1. 外部导入（read.csv）

因为无法预知读者的计算机上有什么数据集，因此决定先用 write.csv 函数从内部写出表格，然后再用 read.csv 函数读入。我们就以 iris 数据集为例，首先把它写到 D 盘的根目录下：

```
write.csv(iris,file = "D:/iris.csv")
```

现在，如果打开 D 盘，就可以找到 iris.csv 文件了，可以用 Excel 打开查看。需要注意的是，上面的函数可以默认 file = 这个部分，因为它是默认的第二个参数。也就是说，可以写成：

```
write.csv(iris,"D:/iris.csv")
```

操作完毕后，可以把这个数据从外部读入，并赋值为 iris.2：

```
iris.2 = read.csv("D:/iris.csv")
```

这样，我们就成功地从外部读入了 D 盘根目录路径下的 iris.csv 文件。一般来说，read.csv 函数默认第一行为表头，会作为列名称赋给数据框。如果不希望这样操作，可以设置参数"header = F"，

即：

```
iris.2 = read.csv("D:/iris.csv",header = F)
```

不过在包含列名称的数据中使用 header = F 肯定是不对的，需要区别对待。

2. 内部创建（data.frame）

内部创建数据框，可以使用 data.frame 函数直接创建：

```
df = data.frame(x = 1:3, y = c("a","b","c"))

df


##   x y
## 1 1 a
## 2 2 b
## 3 3 c
```

可以看到，数据框的变量名称分别是 x 和 y，而 x 是由数字序列 1、2、3 构成的，y 是由字符向量 "a" "b" "c" 构成的。1:3 就是从 1 到 3 所有整数构成一个向量的意思。

4.2.2 删除（rm）

如果不希望在 R 中继续使用这个变量了，可以用 rm 函数删除它：

```
rm(df)
```

想要知道环境中有哪些变量，可以用 ls 函数来显示：

```
ls()
## [1] "iris.2"
```

如果想要清空环境中的所有变量，可以这样做：

```
rm(list = ls())
```

这样环境中的变量就清空了。需要注意的是，rm 函数不仅可以清除数据框，任何 R 环境中的变量都可以清除。另外，正如手机无法删除自带的系统软件一样，iris 是 R 基本包自带的数据集，是不会被清空的。所以我们还是可以在 R 中继续使用 iris 数据集。

4.2.3 检索（DF[i,j]）

检索分为行检索和列检索，也就是说可以提取出指定的行和列。这主要是通过下标来实现的，下面分别介绍。

1. 行检索（DF[i,j]）

行检索可以用下标搜索进行，例如，我们要得到 iris 的第 33 行：

```
iris[33,]

##    Sepal.Length Sepal.Width Petal.Length Petal.Width Species
## 33          5.2         4.1          1.5         0.1 setosa
```

也可以一次检索多个行，例如，选取 33 到 36 行：

```
iris[33:36,]

##    Sepal.Length Sepal.Width Petal.Length Petal.Width Species
## 33          5.2         4.1          1.5         0.1 setosa
## 34          5.5         4.2          1.4         0.2 setosa
## 35          4.9         3.1          1.5         0.2 setosa
## 36          5.0         3.2          1.2         0.2 setosa
```

还可以选取不连续的行，例如，选取 33、37 和 40 行：

```
iris[c(33,37,40),]

##    Sepal.Length Sepal.Width Petal.Length Petal.Width Species
## 33          5.2         4.1          1.5         0.1 setosa
## 37          5.5         3.5          1.3         0.2 setosa
## 40          5.1         3.4          1.5         0.2 setosa
```

至此可以看到，下标 [] 中间都有逗号，逗号前的内容控制行，后面的内容控制列。下面来展示列的检索，为了不展示过多内容，我们利用行检索选取一个子集：

```
iris.1 = iris[1:3,]
```

2. 列检索（DF[i,j]）

如果仅仅是想根据列所在位置（即第几列）进行检索，那么与行的操作是类似的：

```
# 选取第一列

iris.1[,1]
```

```
## [1] 5.1 4.9 4.7
```

```
# 选取 2、3 列

iris.1[,2:3]
```

```
##   Sepal.Width Petal.Length
## 1         3.5          1.4
## 2         3.0          1.4
## 3         3.2          1.3
```

```
# 选取 1、3 列

iris.1[,c(1,3)]
```

```
##   Sepal.Length Petal.Length
## 1          5.1          1.4
## 2          4.9          1.4
## 3          4.7          1.3
```

不过我们知道，列是有名称的，可以根据列名称来选取列：

```
# 选取 Sepal.Length 列

iris.1[,"Sepal.Length"]
```

```
## [1] 5.1 4.9 4.7
```

此外，也可以通过 $ 符号来选择列，上面的例子也可以这样实现：

```
iris.1$Sepal.Length
```

```
## [1] 5.1 4.9 4.7
```

如果需要选取多列，就不得不利用向量的方法了：

```
# 选取 Sepal.Length 和 Petal.Length 两列
iris.1[,c("Sepal.Length","Petal.Length")]
```

```
##   Sepal.Length Petal.Length
## 1          5.1          1.4
## 2          4.9          1.4
## 3          4.7          1.3
```

4.2.4　插入（rbind/cbind）

正如检索分为行检索和列检索，插入数据也可以分为行插入和列插入。

1. 行插入（rbind）

行插入使用 rbind 函数，r 其实是 row 的简写。使用 rbind 函数，第二个表格就会接在第一个表格下面。注意，对数据框进行行插入时，必须保证两个数据框的列数是一样的，而且列名称也必须一致。下例中，我们会先从 iris 中选取两个子集，然后把两个子集合并在一起，完成对第一个表格插入第二个表格的操作：

```
iris[1:3,] -> i1
iris[4,] -> i2

i1
##   Sepal.Length Sepal.Width Petal.Length Petal.Width Species
## 1          5.1         3.5          1.4         0.2  setosa
## 2          4.9         3.0          1.4         0.2  setosa
## 3          4.7         3.2          1.3         0.2  setosa


i2
```

```
##   Sepal.Length Sepal.Width Petal.Length Petal.Width Species
## 4          4.6         3.1          1.5         0.2  setosa
```

注意，这里赋值语句用了"->"，它是一个箭头，指向哪里，就往哪里赋值。

我们已经看到 i1 和 i2 表格分别包含了什么内容，然后通过 rbind 函数，对 i1 表格插入 i2 的内容：

```
rbind(i1,i2) -> i3

i3
```

```
##   Sepal.Length Sepal.Width Petal.Length Petal.Width Species
## 1          5.1         3.5          1.4         0.2  setosa
## 2          4.9         3.0          1.4         0.2  setosa
## 3          4.7         3.2          1.3         0.2  setosa
## 4          4.6         3.1          1.5         0.2  setosa
```

至此成功地完成了行插入的操作。

2. 列插入（cbind）

列插入需要使用 cbind 函数，c 是 column 的简写。使用 cbind 函数，第二个表格会拼在第一个表格的右边。注意，对数据框进行列插入的时候，必须保证两个数据框的行数是一致的。我们一般不使用行名称，因此这里可以忽略。下面会先从我们构建的 i1 数据集中抽出两个子集，然后再合并，完成在第一个表格的右边插入第二个表格的操作：

```
i1[,1:2] -> i4

i1[,3] -> i5


i4
```

```
##   Sepal.Length Sepal.Width
## 1          5.1         3.5
## 2          4.9         3.0
```

```
## 3              4.7              3.2
```

```
i5
```

```
## [1] 1.4 1.4 1.3
```

我们已经看到两个数据框的格式，现在进行合并：

```
cbind(i4,i5) -> i6
```

```
i6
```

```
##   Sepal.Length Sepal.Width  i5
## 1          5.1         3.5 1.4
## 2          4.9         3.0 1.4
## 3          4.7         3.2 1.3
```

注意，我们的 i5 表格没有列名称，因此赋值之后，自动把 i5 作为列名称放入了数据框中。如果想要更改列名称，可以用 colnames 函数或 names 函数。

```
names(i6) = c("a","b","c")  # 等价于 colnames(i6) = c("a","b","c")
```

```
i6
```

```
##     a   b   c
## 1 5.1 3.5 1.4
## 2 4.9 3.0 1.4
## 3 4.7 3.2 1.3
```

4.2.5　排序（order）

对数据框进行排序，是通过对行的处理来实现的。首先，我们需要用到 order 函数。我们要知道 order 函数的原理，它会接受一个向量，然后返回这个向量的排序。例如：

```
c(3,2,4,5,1) -> a
```

```
order(a)
```

```
## [1] 5 2 1 3 4
```

得到的结果是什么意思呢？我们看到第一个数字是 5，也就是说，第五个数字"1"应该放在第一的位置。利用这个函数，我们可以对其重新排列，从而对整个向量进行排序：

```
a[order(a)]
```

```
## [1] 1 2 3 4 5
```

那么现在可以尝试对数据框进行操作了，我们以 iris 为例，但是仅取前 6 行进行演示：

```
iris[1:6,] -> test
```

```
# 根据 Sepal.Length 进行升序排序
```

```
test[order(test$Sepal.Length),]
```

```
##   Sepal.Length Sepal.Width Petal.Length Petal.Width Species
## 4          4.6         3.1          1.5         0.2  setosa
## 3          4.7         3.2          1.3         0.2  setosa
## 2          4.9         3.0          1.4         0.2  setosa
## 5          5.0         3.6          1.4         0.2  setosa
## 1          5.1         3.5          1.4         0.2  setosa
## 6          5.4         3.9          1.7         0.4  setosa
```

如果希望降序排列，在 order 函数的参数中加入负号即可：

```
test[order(-test$Sepal.Length),]
```

```
##   Sepal.Length Sepal.Width Petal.Length Petal.Width Species
## 6          5.4         3.9          1.7         0.4  setosa
## 1          5.1         3.5          1.4         0.2  setosa
```

```
## 5          5.0           3.6           1.4           0.2   setosa

## 2          4.9           3.0           1.4           0.2   setosa

## 3          4.7           3.2           1.3           0.2   setosa

## 4          4.6           3.1           1.5           0.2   setosa
```

order 函数中可以加入多个参数，从而按照多个参数进行排列。具体实现可以参照官方文档，
输入 ?order 即可。

4.2.6　过滤（DF[*condition*,]）

对数据框进行过滤依然需要对行进行操作，我们先明确一点，就是行的检索其实是可以利用逻
辑值的，例如：

```
test[c(T,T,T,T,F,T),]

##    Sepal.Length Sepal.Width Petal.Length Petal.Width Species

## 1          5.1           3.5           1.4           0.2   setosa

## 2          4.9           3.0           1.4           0.2   setosa

## 3          4.7           3.2           1.3           0.2   setosa

## 4          4.6           3.1           1.5           0.2   setosa

## 6          5.4           3.9           1.7           0.4   setosa
```

也就是说，第 5 个逻辑值是 F（False 的缩写），所以第 5 个记录就消失了。那么我们就可以
通过查看是否满足条件来进行处理了。

```
# 筛选 Sepal.Length 大于 5 的记录


# 查看是否满足条件

test$Sepal.Length > 5


## [1]  TRUE FALSE FALSE FALSE FALSE  TRUE


# 通过是否满足条件的逻辑值对数据框进行筛选操作
```

```
test[test$Sepal.Length > 5,]
```

```
##   Sepal.Length Sepal.Width Petal.Length Petal.Width Species
## 1          5.1         3.5          1.4         0.2  setosa
## 6          5.4         3.9          1.7         0.4  setosa
```

4.2.7　汇总（apply）

大家应该还记得，汇总就是对一个向量进行计算，最后得到一个数值，如求向量的平均值。对数据框进行汇总，一般来说是对列进行汇总。数据框的每列是一个向量，每行是一个列表。如果对行进行汇总，需要保证它们的数据类型都是数值型，而且必须是有实际意义。对行汇总这种情况相对比较少见，对列汇总就很常见了。下面我们要对 iris 数据集进行汇总，求每个属性的均值。但是最后一列是物种名称，无法求均值，因此先去除。我们可以用减号直接去除第 5 列：

```
iris[,-5] -> numeric.iris
```

下面使用 apply 函数对列进行汇总操作：

```
apply(numeric.iris,2,mean)
```

```
## Sepal.Length  Sepal.Width Petal.Length  Petal.Width
##     5.843333     3.057333     3.758000     1.199333
```

apply 函数的第一个参数接受的是我们要进行操作的数据框，第二个参数则是如何处理。如果是 1 则按行进行汇总，如果是 2 则按列进行汇总，最后的参数是我们要进行的汇总操作（这里使用的是求均值操作，在基本包中函数名为 mean）。

4.2.8　分组（aggregate）

现在我们的 iris 数据集中有 3 个物种，如果对 3 个物种分别求平均值，我们就需要分组进行计算。基本包中，aggregate 函数可以满足分组进行计算。例如，我们现在就求 3 种鸢尾花 Sepal.Length 属性的平均值：

```
aggregate(Sepal.Length ~ Species,data = iris,mean)
```

```
##      Species Sepal.Length
```

```
## 1     setosa          5.006

## 2 versicolor        5.936

## 3  virginica         6.588
```

我们用了公式的形式 Sepal.Length ~ Species，它表示要根据物种对 Sepal.Length 进行汇总。data 中放入我们的数据框，最后的参数代表汇总的函数。如果要对所有的属性进行分组汇总，可以使用 . 来表示除了 Species 以外的所有属性：

```
aggregate(. ~ Species,data = iris,mean)
```

```
##        Species Sepal.Length Sepal.Width Petal.Length Petal.Width

## 1     setosa       5.006       3.428       1.462       0.246

## 2 versicolor     5.936       2.770       4.260       1.326

## 3  virginica      6.588       2.974       5.552       2.026
```

4.2.9　连接（merge）

基本包中，可以用 merge 函数对多表进行连接。因为 iris 是单表数据集，无法进行连接。我们这里会构造新的数据集进行举例：

```
# 构建顾客交易数据框

df1 = data.frame(CustomerId = c(1:6), Product = c(rep("Oven", 3), rep("Tele-
vision", 3)))

df1
```

```
##    CustomerId     Product

## 1          1        Oven

## 2          2        Oven

## 3          3        Oven

## 4          4   Television

## 5          5   Television
```

```
## 6          6 Television
```

构建顾客地址数据框

```
df2 = data.frame(CustomerId = c(2, 4, 6), State = c(rep("California", 2),
rep("Texas", 1)))

df2
```

```
##    CustomerId      State
## 1           2 California
## 2           4 California
## 3           6      Texas
```

我们需要简单理解下数据：df1 是顾客交易数据框，记录了 ID 为 1 ~ 6 的顾客分别买了什么商品；df2 是顾客地址数据框，记录了顾客所在的州。首先我们尝试内连接，也就是只有两个表都包含的顾客，才会参与构造新的表格：

```
df <- merge(x=df1,y=df2,by="CustomerId")

df
```

```
##    CustomerId  Product        State
## 1           2     Oven   California
## 2           4 Television  California
## 3           6 Television       Texas
```

注意，这里使用 by 参数，指明我们要根据顾客的 ID 进行连接。如果需要做左连接，可以设置 all.x = T：

```
df<-merge(x=df1,y=df2,by="CustomerId",all.x=T)

df
```

```
##    CustomerId   Product        State
```

```
## 1              1         Oven        <NA>

## 2              2         Oven   California

## 3              3         Oven        <NA>

## 4              4   Television   California

## 5              5   Television        <NA>

## 6              6   Television       Texas
```

　　如果要进行右连接，需要设置 all.y = T：

```
df<-merge(x=df1,y=df2,by="CustomerId",all.y=T)

df


##    CustomerId      Product       State

## 1           2         Oven   California

## 2           4   Television   California

## 3           6   Television       Texas
```

　　如果要实现全连接，那么需要设置 all = T：

```
df<-merge(x=df1,y=df2,by="CustomerId",all=T)

df


##    CustomerId      Product       State

## 1           1         Oven        <NA>

## 2           2         Oven   California

## 3           3         Oven        <NA>

## 4           4   Television   California

## 5           5   Television        <NA>

## 6           6   Television       Texas
```

第5章 tidyverse 生态系统：简洁高效数据处理

学习 R 不知 tidyverse，便是英雄也枉然。也许有的用户真的没听过 tidyverse 生态系统，但是如果说他从未用过 tidyverse 生态系统中的任何一个包，并且也没有依赖过 tidyverse 生态系统中的任何包，那笔者是不相信的。tidyverse 的核心功能包有 ggplot2、dplyr、stringr、tidyr 和 readr 等，这些包在数据科学的应用中大放异彩！下面，就来了解和学习 tidyverse 生态系统。

5.1 tidyverse 生态系统简介

tidyverse 是什么？

首先，tidyverse 是一系列 R 包的集合，其中包含了数据科学中最常用、便捷的工具包，包括 dplyr、ggplot2、tidyr 和 stringr 等（图 5-1）。从数据导入预处理，再到高级转换、可视化、建模和展示，这个包几乎提供了数据科学整套流程的最优方案。这些包的设计理念是一致的，因此可以无缝对接，互相协作，从而实现几何级的效率提升，其主要作者是 Hadley Wickham，他以其简洁优雅的设计理念，独领风骚，引领了 R 语言数据科学时代的潮流。他让我们看到，一门程序语言能够同时出色地完成数据处理的不同要求，而且能够把各个数据处理的流水线毫无障碍地连接起来。

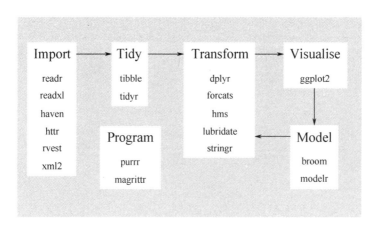

图 5-1　tidyverse 生态系统

其次，tidyverse 是一种风格，一种让代码清晰可读的编程风格。tidy 是简洁的意思，verse 的字面意思是诗篇，寓意为简洁得像诗一样。在长期使用之后，用户会有更加深刻的体会。通过管道操作符 %>% 将每一个详细的步骤分解开，每一步都是最简化的操作，然后精巧地组合起来，最后完成一个复杂的数据科学任务。这样的代码根本不需要注释，只要掌握这个包最基础的语法和词汇，每个人都能够在看到代码时马上知道这些数据在完成什么操作。

最后，tidyverse 是一种理念，图 5-2 诠释了这种理念的基本思想。RStudio 的开发者极力倡导对数据格式的统一，也就是通常所说的整洁数据，特征如下。

- 每列为一个变量（Each variable is in a column）。
- 每行为一个观测（Each observation is in a row）。
- 每个单元格为一个取值（Each value is a cell）。

图 5-2　tidyverse 基本理念

无论任何形式的数据，最终都能转化为这种整洁数据的格式，从而放到 tidyverse 的生态系统中，得到完备的解决方案。这就是 tidyverse 的整洁数据理念，而这个理念恰恰非常适合做 ETL 数据处理。如果仔细想想，这个整洁数据不就是经典关系型数据库的二维表结构吗！可以这么说，tidyverse 就是为了数据处理而产生的。tidyverse 中针对数据处理的包，主要是 dplyr，但 magrittr、readr、tidyr 和 tibble 等其他包对它也有不同程度的支持。下面我们将会利用 tidyverse 生态系统的工具对数据进行处理，优雅高效地解决各种 ETL 工程中的常见问题。我们首先解决常见的数据处理范式，然后根据它的优势，对其他功能进行介绍。

5.2　基本范式实现

前面我们已经尝试在基本包中实现所有的数据操作基本范式，下面我们会尝试使用 tidyverse 来进行数据操作。读者可以尝试比较两种方法在实现相同功能时的差异，从而总结各自的特点，在这个过程中可以仔细体会 tidyverse 为数据操作带来的便利。

5.2.1　包的加载（p_load）

要使用 tidyverse 生态系统的工具，只需要加载一个包即可，那就是 tidyverse 包。

```
# 如果还没有安装 pacman 包，先安装 install.packages("pacman")


library(pacman)

p_load(tidyverse)
```

注意，如果是第一次安装 tidyverse 这个包，需要耐心等待一下。它是一个非常强大且内容丰富的包，包含了很多子包，如 ggplot2、tibble、tidyr、readr、purrr、dplyr、stringr 和 forcats。而这些子包又依赖于更多的包，因此首次安装需要花较长的时间。一旦安装好之后，每次只需要一键加载这个包，就可以利用里面的所有功能。

5.2.2 创建（read_csv/tibble）

在我们的演示中，还是使用 iris 包来进行举例说明。在 tidyverse 生态系统中，数据框格式一般是以 tibble 格式存在的，它是一个强化的数据框（data.frame），具有以下特点。

（1）不会进行强制转换（主要是字符串不会随便转换为因子变量）。

（2）没有行名称（基本包的数据框允许每行具有一个行名称，但是在 tibble 中是不允许的）。

（3）不会随便更改列名称（基本包处理列名称的时候，会擅自对列名称进行更改，如包含空格的情况）。

（4）只对长度为 1 的输入进行循环补充（如果读者暂时不理解也没有关系，可以尝试输入 data.frame(a=1:6,b=1:2) 和 tibble(a=1:6,b=1:2)，对比输出结果来理解）。

（5）对输入参数进行惰性和顺序评估。

（6）会对输出增加 tbl_df 类型（但是本质上，它仍然属于 data.frame 类型，所有能够对 data.frame 进行的操作依旧可以对 tibble 进行处理）。

（7）自动添加列名称。

也许读者对上面提到的特性不能马上全面了解，不过知难行易，我们先利用 iris 数据创建一个 tibble。

```
iris %>% as_tibble() -> iris_tbl   # 使用 as_tibble 进行强制类型转换

iris_tbl


## # A tibble: 150 x 5

##     Sepal.Length Sepal.Width Petal.Length Petal.Width Species

##           <dbl>       <dbl>        <dbl>       <dbl> <fct>
```

```
## 1        5.1         3.5         1.4         0.2 setosa
## 2        4.9         3           1.4         0.2 setosa
## 3        4.7         3.2         1.3         0.2 setosa
## 4        4.6         3.1         1.5         0.2 setosa
## 5        5           3.6         1.4         0.2 setosa
## 6        5.4         3.9         1.7         0.4 setosa
## 7        4.6         3.4         1.4         0.3 setosa
## 8        5           3.4         1.5         0.2 setosa
## 9        4.4         2.9         1.4         0.2 setosa
## 10       4.9         3.1         1.5         0.1 setosa
## # ... with 140 more rows
```

　　我们可以观察到，在请求显示一个 tibble 时，首先会在第一行得知这个数据框是几行几列的，而这个操作一般在基本包需要使用 dim 函数时才能实现。其次，我们可以马上看到所有列的数据类型，如前四列显示是 dbl 类型，它是 double 的缩写，说明是双精度浮点数类型；最后一列是 fct 类型，它是 factor 的缩写，因此是因子型的数据。最后，我们发现 150 行的数据不会全部显示出来（在基本包中会完全显示，如果数据太长，会在显示多行之后强行提示并停止），只会显示前 10 行，并提醒还有多少行没有显示出来。如果列太多，tibble 会隐藏一些列，但是会在最后提醒还有多少列没有被显示出来。这样处理就不用担心一次显示太多的数据了。目前全局设置是显示前 10 行数据，如果有需要，可以改变显示的行数，例如，我们设定为只显示前 6 行：

```
options(tibble.print_max = 6, tibble.print_min = 6)
```

　　这个设定的意思是如果输出超过了 6 行，则只显示前 6 行。我们来看看效果：

```
iris_tbl
## # A tibble: 150 x 5
##   Sepal.Length Sepal.Width Petal.Length Petal.Width Species
##          <dbl>       <dbl>        <dbl>       <dbl> <fct>
## 1        5.1         3.5         1.4         0.2 setosa
## 2        4.9         3           1.4         0.2 setosa
```

```
## 3            4.7          3.2          1.3          0.2 setosa

## 4            4.6          3.1          1.5          0.2 setosa

## 5            5            3.6          1.4          0.2 setosa

## 6            5.4          3.9          1.7          0.4 setosa

## # ... with 144 more rows
```

除了把已有的数据框转化为 tibble 外，还可以像定义数据框一样，直接创建数据表：

```
df = tibble(x = 1:3, y = c("a","b","c"))

df



## # A tibble: 3 x 2

##       x y

##   <int> <chr>

## 1     1 a

## 2     2 b

## 3     3 c
```

如果数据是从外部导入的，可以使用 readr 包的 read_csv 函数，它会直接返回一个 tibble 格式的数据表格。我们先用 write_csv 在 D 盘根目录下写出一个 iris 的数据表，然后重新读入：

```
write_csv(iris,"D:/iris.csv")

read_csv("D:/iris.csv") -> iris.2

## Parsed with column specification:

## cols(

##   Sepal.Length = col_double(),

##   Sepal.Width = col_double(),

##   Petal.Length = col_double(),

##   Petal.Width = col_double(),

##   Species = col_character()
```

```
## )

iris.2

## # A tibble: 150 x 5

##   Sepal.Length Sepal.Width Petal.Length Petal.Width Species

##          <dbl>       <dbl>        <dbl>       <dbl> <chr>

## 1          5.1         3.5          1.4         0.2 setosa

## 2          4.9         3            1.4         0.2 setosa

## 3          4.7         3.2          1.3         0.2 setosa

## 4          4.6         3.1          1.5         0.2 setosa

## 5          5           3.6          1.4         0.2 setosa

## 6          5.4         3.9          1.7         0.4 setosa

## # ... with 144 more rows
```

　　read_csv 函数的独特之处在于，它不会把字符型自动转化为因子型的数据。我们可以观察到，再次导入的数据集 iris.2 最后一列的数据类型已经变为"chr"，它是 character 的缩写，也就是字符型的数据。此外需要注意，read_csv 函数会先对数据的类型进行判断，再读入，如果类型无法准确判断，可能会报错。在这个函数中，判断是否将第一行认作表头的参数是 col_names（在基本包的 read.csv 函数中，这个参数名称为 header），详细的帮助文档可以输入 ?read_csv 进行查询。

5.2.3　删除（rm）

　　删除表格的方法和之前是一样的，我们这里只留下 iris_tbl 即可。这里分享一个方法，可以删除 iris_tbl 变量以外的所有变量：

```
ls()    # 观察原来环境中有哪些变量


## [1] "df"      "iris.2"   "iris_tbl"

rm(list=setdiff(ls(), "iris_tbl"))    # 删除除了 iris_tbl 以外的所有变量


ls()    # 再次观察目前环境中有哪些变量
```

```
## [1] "iris_tbl"
```

5.2.4 检索（select/slice）

这里讲的检索，是指对列进行检索，也就是选择表格的某些列进行检索。首先，我们可以用序号对列进行检索。检索第 2 列：

```
iris_tbl %>%

  select(2)
```

```
## # A tibble: 150 x 1

##    Sepal.Width

##          <dbl>

## 1        3.5

## 2        3

## 3        3.2

## 4        3.1

## 5        3.6

## 6        3.9

## # ... with 144 more rows
```

检索第 2 ~ 4 列：

```
iris_tbl %>%

  select(2:4)
```

```
## # A tibble: 150 x 3

##    Sepal.Width Petal.Length Petal.Width

##          <dbl>        <dbl>       <dbl>
```

```
## 1        3.5        1.4        0.2
## 2        3          1.4        0.2
## 3        3.2        1.3        0.2
## 4        3.1        1.5        0.2
## 5        3.6        1.4        0.2
## 6        3.9        1.7        0.4
## # ... with 144 more rows
```

检索第 2 列和第 4 列：

```
iris_tbl %>%
  select(2,4)
```

```
## # A tibble: 150 x 2
##    Sepal.Width Petal.Width
##          <dbl>       <dbl>
## 1        3.5         0.2
## 2        3           0.2
## 3        3.2         0.2
## 4        3.1         0.2
## 5        3.6         0.2
## 6        3.9         0.4
## # ... with 144 more rows
```

除此以外，还可以使用列名称对表格进行检索。检索单列，只看 Sepal.Length 列：

```
# 检索单列
iris_tbl %>%
  select(Sepal.Length)
```

```
## # A tibble: 150 x 1

##    Sepal.Length

##          <dbl>

## 1        5.1

## 2        4.9

## 3        4.7

## 4        4.6

## 5        5

## 6        5.4

## # ... with 144 more rows
```

检索多列，查询 Sepal.Length 和 Sepal.Width 两列：

```
# 检索多列，用逗号分隔开

iris_tbl %>%

  select(Sepal.Length,Sepal.Width)
```

```
## # A tibble: 150 x 2

##    Sepal.Length Sepal.Width

##          <dbl>       <dbl>

## 1        5.1         3.5

## 2        4.9         3

## 3        4.7         3.2

## 4        4.6         3.1

## 5        5           3.6

## 6        5.4         3.9

## # ... with 144 more rows
```

检索连续的多列，例如，检索从 Sepal.Width 到 Petal.Width 列：

```
# 检索连续的多列，用冒号表示连续

iris_tbl %>%

  select(Sepal.Width:Petal.Width)



## # A tibble: 150 x 3

##   Sepal.Width Petal.Length Petal.Width

##         <dbl>        <dbl>       <dbl>

## 1         3.5          1.4         0.2

## 2         3            1.4         0.2

## 3         3.2          1.3         0.2

## 4         3.1          1.5         0.2

## 5         3.6          1.4         0.2

## 6         3.9          1.7         0.4

## # ... with 144 more rows
```

如果需要对行进行检索，可以使用 slice 函数。因为 tibble 不允许存在行名称，所以我们只能根据序号进行检索，也就是根据这个记录是第几行进行检索。例如，检索第 33 行：

```
iris_tbl %>%

  slice(33)



## # A tibble: 1 x 5

##   Sepal.Length Sepal.Width Petal.Length Petal.Width Species

##          <dbl>       <dbl>        <dbl>       <dbl> <fct>

## 1          5.2         4.1          1.5         0.1 setosa
```

检索第 33 ~ 36 行：

```
iris_tbl%>%
```

```
slice(33:36)
```

```
## # A tibble: 4 x 5

##    Sepal.Length Sepal.Width Petal.Length Petal.Width Species

##           <dbl>       <dbl>        <dbl>       <dbl> <fct>

## 1          5.2         4.1          1.5         0.1 setosa

## 2          5.5         4.2          1.4         0.2 setosa

## 3          4.9         3.1          1.5         0.2 setosa

## 4          5           3.2          1.2         0.2 setosa
```

检索第 33、37、40 行：

```
iris_tbl %>%

  slice(c(33,37,40))    #注意这里需要使用向量来检索
```

```
## # A tibble: 3 x 5

##    Sepal.Length Sepal.Width Petal.Length Petal.Width Species

##           <dbl>       <dbl>        <dbl>       <dbl> <fct>

## 1          5.2         4.1          1.5         0.1 setosa

## 2          5.5         3.5          1.3         0.2 setosa

## 3          5.1         3.4          1.5         0.2 setosa
```

5.2.5 插入（add/bind）

插入分为行插入与列插入两种，下面分别介绍。

1. 行插入（add_rows）

这个例子中，我们首先构造一个 tibble：

```
tibble(a = 1:2, b = 2:1) -> dt

dt
```

```
## # A tibble: 2 x 2

##       a      b

##   <int>  <int>

## 1     1      2

## 2     2      1
```

现在，我们想要插入第 3 行，第 3 行 a 与 b 的数值均为 3。

```
dt %>%

  add_row(a = 3, b = 3)
```

```
## # A tibble: 3 x 2

##       a      b

##   <dbl>  <dbl>

## 1     1      2

## 2     2      1

## 3     3      3
```

如果想要插入指定位置，可以进行设置。例如，要插入第 2 行的位置：

```
dt %>%

  add_row(a = 3, b = 3, .before = 2)
```

```
## # A tibble: 3 x 2

##       a      b

##   <dbl>  <dbl>

## 1     1      2

## 2     3      3

## 3     2      1
```

如果要插入倒数第几行，就可以使用 .after 参数进行设置，这里不再赘述。

2. 列插入（add_columns）

首先需要声明的是，插入列，插入的其实是一个向量。那么，这个向量必须与数据库的行数长短一致才行，否则会报错。

```
dt %>% add_column(c = c(3,3))    #注意前面的 c 是列名称，后面的 c 表示向量


## # A tibble: 2 x 3

##       a       b       c

##   <int>   <int>   <dbl>

## 1     1       2       3

## 2     2       1       3
```

一般来说，如果只插入一个常数，那么会自动循环到与数据框的行数一致。

```
dt %>% add_column(c = 5)


## # A tibble: 2 x 3

##       a       b       c

##   <int>   <int>   <dbl>

## 1     1       2       5

## 2     2       1       5
```

此外，如果需要对两个表格进行合并，也近似于另一种形式的插入，可以使用 bind_rows 和 bind_cols 进行操作，它们相当于基本包的 rbind 和 cbind。

3. 行合并（bind_rows）

tidyverse 中的行合并实现函数为 bind_rows，它与 rbind 类似。当两个表格不一致的时候，bind_rows 可以自动在缺失的部分填充缺失值（NA）。

```
dt2 = tibble(a = 4:5, b = 5:4)

dt2
```

```
## # A tibble: 2 x 2

##       a     b

##   <int> <int>

## 1     4     5

## 2     5     4
```

```
dt %>% bind_rows(dt2)
```

```
## # A tibble: 4 x 2

##       a     b

##   <int> <int>

## 1     1     2

## 2     2     1

## 3     4     5

## 4     5     4
```

4. 列合并（bind_cols）

同样，tidyverse 中的列合并需要使用 bind_cols 函数。它与 cbind 函数类似，而且在列合并时，如果长度不一致仍然是非法的。这与 bind_rows 函数不太一样，需要加以注意。示例如下：

```
dt3 = tibble(c = 2:3, d = 3:2)

dt3
```

```
## # A tibble: 2 x 2

##       c     d

##   <int> <int>
```

```
## 1       2      3

## 2       3      2
```

```
dt %>% bind_cols(dt3)
```

```
## # A tibble: 2 x 4

##        a      b      c      d

##    <int> <int> <int> <int>

## 1     1      2      2      3

## 2     2      1      3      2
```

5.2.6 排序（arrange）

排序需要依照一定的变量从大到小或从小到大排序。从小到大排序称为升序，例如，我们要对 iris_tbl 表格根据 Sepal.Length 进行升序排列：

```
iris_tbl %>%

  arrange(Sepal.Length)
```

```
## # A tibble: 150 x 5

##   Sepal.Length Sepal.Width Petal.Length Petal.Width Species

##          <dbl>       <dbl>        <dbl>       <dbl> <fct>

## 1          4.3           3          1.1         0.1 setosa

## 2          4.4         2.9          1.4         0.2 setosa

## 3          4.4           3          1.3         0.2 setosa

## 4          4.4         3.2          1.3         0.2 setosa

## 5          4.5         2.3          1.3         0.3 setosa

## 6          4.6         3.1          1.5         0.2 setosa
```

```
## # ... with 144 more rows
```

　　我们可以看到，Sepal.Length 中有 3 个值是相等的，这时它们会随机排列。其实我们可以根据多个变量进行排列，也就是先依据第一个变量进行排列，如果两者一致时，就参照第二个变量进行排列。例如，可以先根据 Sepal.Length 进行升序排列，再根据 Sepal.Width 进行升序排列：

```
iris_tbl %>%

  arrange(Sepal.Length,Sepal.Width)



## # A tibble: 150 x 5

##    Sepal.Length Sepal.Width Petal.Length Petal.Width Species

##           <dbl>       <dbl>        <dbl>       <dbl> <fct>

## 1           4.3           3          1.1         0.1 setosa

## 2           4.4         2.9          1.4         0.2 setosa

## 3           4.4           3          1.3         0.2 setosa

## 4           4.4         3.2          1.3         0.2 setosa

## 5           4.5         2.3          1.3         0.3 setosa

## 6           4.6         3.1          1.5         0.2 setosa

## # ... with 144 more rows
```

　　我们可以观察到，在 Sepal.Length 同时等于 4.4 的情况下，Sepal.Width 是从小到大进行排列的（分别为 2.9、3、3.2）。这个变量数目还可以继续增加。如果需要进行降序排列，只需要在这个变量前面加入 desc 即可：

```
iris_tbl %>%

  arrange(desc(Sepal.Length))



## # A tibble: 150 x 5

##    Sepal.Length Sepal.Width Petal.Length Petal.Width Species

##           <dbl>       <dbl>        <dbl>       <dbl> <fct>

## 1           7.9         3.8          6.4           2 virginica
```

```
## 2          7.7          3.8          6.7          2.2 virginica

## 3          7.7          2.6          6.9          2.3 virginica

## 4          7.7          2.8          6.7          2   virginica

## 5          7.7          3            6.1          2.3 virginica

## 6          7.6          3            6.6          2.1 virginica

## # ... with 144 more rows
```

不同的排序可以任意叠加，例如，我们先按照 Sepal.Length 进行降序排列，再按照 Sepal.Width 进行升序排列：

```
iris_tbl %>%

  arrange(desc(Sepal.Length),Sepal.Width)
```

```
## # A tibble: 150 x 5

##    Sepal.Length Sepal.Width Petal.Length Petal.Width Species

##           <dbl>       <dbl>        <dbl>       <dbl> <fct>

## 1          7.9         3.8          6.4          2   virginica

## 2          7.7         2.6          6.9          2.3 virginica

## 3          7.7         2.8          6.7          2   virginica

## 4          7.7         3            6.1          2.3 virginica

## 5          7.7         3.8          6.7          2.2 virginica

## 6          7.6         3            6.6          2.1 virginica

## # ... with 144 more rows
```

可以发现，在 Sepal.Length 同时为 7.7 时，Sepal.Width 是升序排列的。

5.2.7 过滤（filter）

在 tidyverse 生态系统中进行过滤是非常简便的，例如，我们筛选 Sepal.Length 大于 5cm 的花朵：

```
iris_tbl %>%

  filter(Sepal.Length > 5)
```

```
## # A tibble: 118 x 5

##   Sepal.Length Sepal.Width Petal.Length Petal.Width Species

##          <dbl>       <dbl>        <dbl>       <dbl> <fct>

## 1          5.1         3.5          1.4         0.2 setosa

## 2          5.4         3.9          1.7         0.4 setosa

## 3          5.4         3.7          1.5         0.2 setosa

## 4          5.8         4            1.2         0.2 setosa

## 5          5.7         4.4          1.5         0.4 setosa

## 6          5.4         3.9          1.3         0.4 setosa

## # ... with 112 more rows
```

　　此外，还可以根据多个条件进行过滤。例如，我们同时需要 Sepal.Length 大于 5cm，而 Sepal.
Width 小于 4cm 的花朵：

```
iris_tbl %>%

  filter(Sepal.Length > 5,Sepal.Width < 4)
```

```
## # A tibble: 114 x 5

##   Sepal.Length Sepal.Width Petal.Length Petal.Width Species

##          <dbl>       <dbl>        <dbl>       <dbl> <fct>

## 1          5.1         3.5          1.4         0.2 setosa

## 2          5.4         3.9          1.7         0.4 setosa

## 3          5.4         3.7          1.5         0.2 setosa

## 4          5.4         3.9          1.3         0.4 setosa

## 5          5.1         3.5          1.4         0.3 setosa

## 6          5.7         3.8          1.7         0.3 setosa

## # ... with 108 more rows
```

```
#等价于 iris_tbl %>% filter(Sepal.Length > 5 & Sepal.Width < 4)
```

由于括号内放的是条件，因此可以使用各种逻辑运算符，包括且（&）、或（|）和非（！）。下面举例说明。筛选 Sepal.Length 不大于 5cm 的花朵：

```
iris_tbl %>%

  filter(!Sepal.Length > 5)



## # A tibble: 32 x 5

##   Sepal.Length Sepal.Width Petal.Length Petal.Width Species

##          <dbl>       <dbl>        <dbl>       <dbl> <fct>

## 1          4.9         3           1.4         0.2 setosa

## 2          4.7         3.2         1.3         0.2 setosa

## 3          4.6         3.1         1.5         0.2 setosa

## 4          5           3.6         1.4         0.2 setosa

## 5          4.6         3.4         1.4         0.3 setosa

## 6          5           3.4         1.5         0.2 setosa

## # ... with 26 more rows
```

筛选 Sepal.Length 大于 5cm 或小于 4cm 的花朵：

```
iris_tbl %>%

  filter(Sepal.Length > 5 |Sepal.Length < 4)



## # A tibble: 118 x 5

##   Sepal.Length Sepal.Width Petal.Length Petal.Width Species

##          <dbl>       <dbl>        <dbl>       <dbl> <fct>

## 1          5.1         3.5         1.4         0.2 setosa

## 2          5.4         3.9         1.7         0.4 setosa

## 3          5.4         3.7         1.5         0.2 setosa
```

```
## 4          5.8         4         1.2         0.2 setosa
## 5          5.7         4.4       1.5         0.4 setosa
## 6          5.4         3.9       1.3         0.4 setosa
## # ... with 112 more rows
```

这里我们直接对结果进行了展示，如果需要保存这些结果，可以赋值给一个变量。tidyverse 的编程风格是用箭头（"<-"或"->"）对变量进行赋值（"="则只在定义函数的时候使用）。例如，把 Sepal.Length 大于 5cm 的花朵赋值给 new_flower 变量：

```
iris_tbl %>%
  filter(Sepal.Length > 5) -> new_flower
```

5.2.8　汇总（summarise）

汇总是对一个列进行高度概括的操作，在 tidyverse 生态系统中可以采用 summarise 函数来实现。例如，我们想要得到 Sepal.Length 的平均值，并赋值给列名称 avg，可以这样操作：

```
iris_tbl %>%
  summarise(avg = mean(Sepal.Length))


## # A tibble: 1 x 1
##      avg
##    <dbl>
## 1   5.84
```

这样就得到了新的表，而且把平均值赋值给了新的名称 avg。如果需要对所有数值型的变量求均值，可以使用 summarise_if 函数：

```
iris_tbl %>%
  summarise_if(is.numeric,mean)


## # A tibble: 1 x 4
##    Sepal.Length Sepal.Width Petal.Length Petal.Width
```

```
##          <dbl>      <dbl>        <dbl>      <dbl>

## 1         5.84       3.06         3.76       1.20
```

这样就得到了所有数值型变量的平均值。注意，我们需要使用的汇总函数必须放在 funs 这个函数中。如果只想对其中的一些变量进行汇总，可以使用 summarise_at 函数。例如，只汇总 Sepal. Length 和 Sepal.Width 变量：

```
iris_tbl %>%

  summarise_at(vars(Sepal.Length,Sepal.Width),mean)


## # A tibble: 1 x 2

##   Sepal.Length Sepal.Width

##          <dbl>      <dbl>

## 1         5.84       3.06
```

只汇总列名以"Petal"开头的列变量：

```
iris_tbl %>%

  summarise_at(vars(starts_with("Petal")),mean)


## # A tibble: 1 x 2

##   Petal.Length Petal.Width

##          <dbl>      <dbl>

## 1         3.76       1.20
```

只汇总列名以"Width"结尾的列变量：

```
iris_tbl %>%

  summarise_at(vars(ends_with("Width")),mean)


## # A tibble: 1 x 2

##   Sepal.Width Petal.Width
```

```
##          <dbl>        <dbl>
## 1         3.06         1.20
```

我们注意到，还可以根据列名称的条件来选择列变量，非常便捷。如果要直接对所有列进行统一操作，可以采用 summarise_all 函数，不过因为本例中不同列的数据类型不一样，因此不适合用这个函数。

5.2.9　分组（group_by）

在 tidyverse 中分组，可以使用 group_by 函数。例如，我们根据物种名称 Species 进行分组，然后再对每个物种的 Sepal.Length 求平均值：

```
iris_tbl %>%

  group_by(Species) %>%

  summarise(avg = mean(Sepal.Length))



## # A tibble: 3 x 2

##    Species        avg

##    <fct>        <dbl>

## 1 setosa        5.01

## 2 versicolor    5.94

## 3 virginica     6.59
```

如果要对所有列求均值，还可以用之前提到的 summarise_if 函数：

```
iris_tbl %>%

  group_by(Species) %>%

  summarise_if(is.numeric,mean)



## # A tibble: 3 x 5

##    Species     Sepal.Length Sepal.Width Petal.Length Petal.Width

##    <fct>            <dbl>        <dbl>        <dbl>        <dbl>
```

```
## 1 setosa          5.01      3.43      1.46      0.246

## 2 versicolor      5.94      2.77      4.26      1.33

## 3 virginica       6.59      2.97      5.55      2.03
```

需要注意的一点是，当对数据表进行分组操作后，表格就会处于分组状态，所有的操作都是对表格各个组分别进行。如果要取消分组，需要使用ungroup函数。下面我们分组后取出前两行的数据，然后比较一下没有取消分组与取消分组对结果的影响。没有取消分组的状态如下：

```
iris_tbl %>%

  group_by(Species) %>%

  slice(1:2)



## # A tibble: 6 x 5

## # Groups:   Species [3]

##    Sepal.Length Sepal.Width Petal.Length Petal.Width Species

##           <dbl>       <dbl>        <dbl>       <dbl> <fct>

## 1           5.1         3.5          1.4         0.2 setosa

## 2           4.9         3            1.4         0.2 setosa

## 3           7           3.2          4.7         1.4 versicolor

## 4           6.4         3.2          4.5         1.5 versicolor

## 5           6.3         3.3          6           2.5 virginica

## 6           5.8         2.7          5.1         1.9 virginica
```

取消分组的状态如下：

```
iris_tbl %>%

  group_by(Species) %>%

  slice(1:2) %>%

  ungroup()
```

```
## # A tibble: 6 x 5
##   Sepal.Length Sepal.Width Petal.Length Petal.Width Species
##          <dbl>       <dbl>        <dbl>       <dbl> <fct>
## 1          5.1         3.5          1.4         0.2 setosa
## 2          4.9         3            1.4         0.2 setosa
## 3          7           3.2          4.7         1.4 versicolor
## 4          6.4         3.2          4.5         1.5 versicolor
## 5          6.3         3.3          6           2.5 virginica
## 6          5.8         2.7          5.1         1.9 virginica
```

我们可以看到，没有取消分组的话，在结果中会显示 "# Groups: Species [3]"，告诉用户现在这个表格还处于分组状态，因此后面的操作还是会基于分组的情况下。如果取消分组之后，这个标志就会消失。

5.2.10　连接（join）

下面将会介绍如何在 R 中完成数据表的连接操作。首先要明确一个问题：为什么要进行连接？本质上来说，连接就是按照一定的对应规则，把两个表格合并为一个表格的操作。例如，一张表格中有乐队的歌手名字和他们所属的乐队，另一张表格有歌手的名字和他们擅长的乐器类型。因为两张表格都含有歌手的名字，而歌手的名字也是唯一的（在数据库理论框架中，这个属性被称为主键），即不存在一张表格会重复出现同一个歌手的名字。这时我们希望把两张表格合并起来，做一张包含歌手名字、所属乐队、擅长乐器的大表格。通过连接，我们能够把众多表格的数据合并起来，从而让孤立的数据能够联系在一起。这里我们参考 dplyr 包关于连接的帮助文档，首先对原始数据进行一个初步的了解：

```
band_members


## # A tibble: 3 x 2
##   name  band
##   <chr> <chr>
## 1 Mick  Stones
```

```
## 2 John   Beatles

## 3 Paul   Beatles


band_instruments
## # A tibble: 3 x 2

##    name   plays

##    <chr>  <chr>

## 1 John   guitar

## 2 Paul   bass

## 3 Keith  guitar


band_instruments2


## # A tibble: 3 x 2

##    artist plays

##    <chr>   <chr>

## 1 John    guitar

## 2 Paul    bass

## 3 Keith   guitar
```

　　观察表格，我们可以知道，band_members 包含了歌手名称和乐队信息，band_instruments 包含歌手名称和乐器信息，band_instruments2 与 band_instrument 包含的信息一样，但是歌手名称的列名称由 name 变化为 artist。下面我们重温一下连接的概念。

　　首先我们来讲内连接，又称为自然连接。还是歌手、乐队、乐器的例子，例如，A 表格中有歌手名称和乐队的信息，B 表格中有歌手名称和擅长乐器的信息。另外，我们发现两张表格中，A 表格包含的歌手信息和 B 表格不同，有的歌手只有 A 表格有，B 表格没有；有的歌手只有 B 表格有，但是 A 表格没有。但是我们还是希望把 A 表格和 B 表格连接起来，形成一个大表格 C。采用内连接的话，就会把 A 表格和 B 表格共有的歌手提取出来（也就是取了一个交集），然后对两个表格

的列进行连接。什么是左连接和右连接呢？如果是 A 表格左连接 B 表格的话，那么就是 A 表格的
歌手全部保留下来，如果在 A 表格中有的歌手，在 B 表格中找不到，那么就需要填充缺失值，一
切以 A 表格为主。理解了左连接，右连接就非常简单了，它其实就是左连接的逆运算，也就是说
A 表格右连接 B 表格，实际就是 B 表格左连接 A 表格。最后讲一下全连接。全连接就是 A 表格和
B 表格中的歌手统统保留，但是如果 A 表格有的歌手 B 表格没有，那么在 B 表格的列中就需要填
充缺失值；同理，如果 B 表格的歌手 A 没有，那么 A 表格带来的列也需要填充缺失值。我们用代
码进行演练，先展示一下如何完成内连接。

```
# 内连接
band_members %>%
  inner_join(band_instruments)


## Joining, by = "name"


## # A tibble: 2 x 3
##   name  band    plays
##   <chr> <chr>   <chr>
## 1 John  Beatles guitar
## 2 Paul  Beatles bass
```

　　需要注意的是，如果没有指定根据哪个列（主键）进行合并，那么在连接的时候，函数会默认
使用两个表格都包含的列（也就是共同包含的同名列）进行连接。在我们的例子中，因为两个表格
都包含名为 name 的列，因此会根据 name 来进行连接。如果需要指定用哪些列进行连接，可以更
改 by 参数，例如：

```
band_members %>%
  inner_join(band_instruments2, by = c("name" = "artist"))


## # A tibble: 2 x 3
##   name  band    plays
##   <chr> <chr>   <chr>
```

```
## 1 John   Beatles guitar

## 2 Paul   Beatles bass
```

另外需要了解的一点是，合并之后，两个表合并的键只会保留其中一个，也就是第一个表。如果两者的键的名称不一样，也只会保留第一个。例如，上面的例子中，我们合并的表格没有出现 artist 这一列，而统一合并到 name 这一列中。

下面演示其他连接的代码。左连接：

```
band_members %>%

  left_join(band_instruments)


## Joining, by = "name"


## # A tibble: 3 x 3

##    name  band     plays

##    <chr> <chr>    <chr>

## 1 Mick   Stones   <NA>

## 2 John   Beatles guitar

## 3 Paul   Beatles bass
```

右连接：

```
band_members %>%

  right_join(band_instruments)


## Joining, by = "name"


## # A tibble: 3 x 3

##    name  band     plays

##    <chr> <chr>    <chr>
```

```
## 1 John   Beatles guitar

## 2 Paul   Beatles bass

## 3 Keith  <NA>    guitar
```

全连接：

```
band_members %>%

  full_join(band_instruments)



## Joining, by = "name"



## # A tibble: 4 x 3

##   name   band     plays

##   <chr>  <chr>    <chr>

## 1 Mick   Stones   <NA>

## 2 John   Beatles  guitar

## 3 Paul   Beatles  bass

## 4 Keith  <NA>     guitar
```

如果两个表格中用相同名称的列怎么办？连接函数会自动给同名列加入后缀。例如，A 表格和 B 表格都有一列名为 same，那么合并之后，会出现两列，名称分别为 same.x 和 same.y。后缀名是可以变更的，可以通过 suffix 参数对后缀名进行设置。这里不做展开，感兴趣的读者可以使用 ?join 进行查询。

5.3　高级处理工具

前面介绍的大部分工具基本都来自 dplyr 包。它的官网（https://dplyr.tidyverse.org/）上有一句标语非常贴切：A Grammar of Data Manipulation。中文意思就是"一门数据处理的语法"。除了前面列出的基本操作外，它还具备很多高级的特性，下面会选择一些有意思的特性进行介绍，希望能够在实际工作中对大家有所帮助。

5.3.1 长宽数据变换（gather/spread）

长宽数据变换是进行数据塑性经常要用到的操作。为了解释什么是长数据，什么是宽数据，下面先举个例子。我们把 iris 数据集的三朵花取出来，并用 id 给它们编号：

```
library(tidyverse)

iris[1:3,] %>%

  as_tibble() %>%

  mutate(id = 1:3)-> wide_data


wide_data


## # A tibble: 3 x 6

##     Sepal.Length Sepal.Width Petal.Length Petal.Width Species     id

##            <dbl>       <dbl>        <dbl>       <dbl> <fct>    <int>

## 1           5.1         3.5          1.4         0.2 setosa       1

## 2           4.9         3            1.4         0.2 setosa       2

## 3           4.7         3.2          1.3         0.2 setosa       3
```

这个数据看起来有点"肥胖"，我们可以看到，每一行记录都代表一朵花。如果我们要对第一行的数据进行解释，就是 id 为 1 的花朵不同属性的数值都是多少。但是其实我们也可以用另一种方式表达这个表格，也就是把宽数据转化为长数据。tidyverse 生态系统中，tidyr 包的 gather 函数可以完成这个转换：

```
wide_data %>%

  gather(key = "feature",value = "value",-id) -> long_data


long_data


## # A tibble: 15 x 3
```

```
##       id feature      value
##    <int> <chr>        <chr>
## 1      1 Sepal.Length 5.1
## 2      2 Sepal.Length 4.9
## 3      3 Sepal.Length 4.7
## 4      1 Sepal.Width  3.5
## 5      2 Sepal.Width  3
## 6      3 Sepal.Width  3.2
## 7      1 Petal.Length 1.4
## 8      2 Petal.Length 1.4
## 9      3 Petal.Length 1.3
## 10     1 Petal.Width  0.2
## 11     2 Petal.Width  0.2
## 12     3 Petal.Width  0.2
## 13     1 Species      setosa
## 14     2 Species      setosa
## 15     3 Species      setosa
```

　　这里必须先解释一下 gather 函数。gather 函数接受一个数据框，key 参数定义转换之后，分配给转换属性的列名称；value 参数定义转换之后分配给数值的列名称，最后则放入我们需要对哪些列进行格式转换。如果使用负号（-），则表示除了某一列外，所有的列都参加长宽数据转换。 看到结果，我们可以对第一行进行解释：编号为 1 的花朵 Sepal.Length 属性的数值为 5.1。如果要把长数据重新转换为宽数据，可以用 gather 函数的逆运算，也就是 spread 函数操作：

```
long_data %>%
  spread(feature,value) -> back_to_wide


back_to_wide
```

```
## # A tibble: 3 x 6
##      id Petal.Length Petal.Width Sepal.Length Sepal.Width Species
##   <int> <chr>        <chr>       <chr>        <chr>       <chr>
## 1     1 1.4          0.2         5.1          3.5         setosa
## 2     2 1.4          0.2         4.9          3           setosa
## 3     3 1.3          0.2         4.7          3.2         setosa
```

这里再介绍一下 spread 函数，它接受一个数据框，第一个参数 key 是要分出去的特征列，第二个参数是要放在特征列的数值。此外，还可以使用 fill 参数对缺失的数值进行填充。详细的帮助文档可以输入 ?spread 进行查询。

5.3.2　集合运算（intersect/union/setdiff）

数学上，集合是指由具有某种特定性质的具体或抽象的对象汇总而成的集体。而数据表就可以视为一个集合，它是对现实世界具体事物抽样汇总形成的集体。既然是集合，就可以使用数学上的集合运算进行操作。最主要的集合运算有 3 种：交、并、补。下面我们对这 3 种运算进行分别说明，并使用 R 语言 dplyr 包进行实现。

1. 数据准备

我们将会使用 iris 数据进行演示，首先把它转化为 tibble 格式存放在 iris_tbl 变量中。

```
library(pacman)

p_load(tidyverse)

iris %>% as_tibble -> iris_tbl
```

然后需要构造两个表格。表格 A 是 iris_tbl 的 1 ~ 3 行，表格 B 是 iris_tbl 的 2 ~ 4 行。

```
iris_tbl %>% slice(1:3) -> A

iris_tbl %>% slice(2:4) -> B
```

显然，两个表格有重叠的部分，也有不同的部分。我们观察一下两个表格的数据：

```
A



## # A tibble: 3 x 5
```

```
##    Sepal.Length Sepal.Width Petal.Length Petal.Width Species

##          <dbl>       <dbl>        <dbl>       <dbl> <fct>

## 1          5.1         3.5          1.4         0.2 setosa

## 2          4.9         3            1.4         0.2 setosa

## 3          4.7         3.2          1.3         0.2 setosa
```

B

```
## # A tibble: 3 x 5

##    Sepal.Length Sepal.Width Petal.Length Petal.Width Species

##          <dbl>       <dbl>        <dbl>       <dbl> <fct>

## 1          4.9         3            1.4         0.2 setosa

## 2          4.7         3.2          1.3         0.2 setosa

## 3          4.6         3.1          1.5         0.2 setosa
```

2. 交（intersect）

取交集，就是提取两个表格中相同的记录（图 5-3）。代码实现如下：

```
intersect(A,B)
```

```
## # A tibble: 2 x 5

##    Sepal.Length Sepal.Width Petal.Length Petal.Width Species

##          <dbl>       <dbl>        <dbl>       <dbl> <fct>

## 1          4.9         3            1.4         0.2 setosa

## 2          4.7         3.2          1.3         0.2 setosa
```

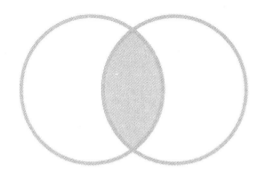

图 5-3　交集示意图

3. 并（union）

取并集，就是把两个表格的内容合并起来，但是重复的部分仅出现一次（图 5-4）。实现代码如下：

```
union(A,B)
```

```
## # A tibble: 4 x 5
##   Sepal.Length Sepal.Width Petal.Length Petal.Width Species
##          <dbl>       <dbl>        <dbl>       <dbl> <fct>
## 1          4.7         3.2          1.3         0.2 setosa
## 2          5.1         3.5          1.4         0.2 setosa
## 3          4.9         3            1.4         0.2 setosa
## 4          4.6         3.1          1.5         0.2 setosa
```

如果希望重复的部分能够重复出现，那么需要使用 union_all 函数：

```
union_all(A,B)
```

```
## # A tibble: 6 x 5
##   Sepal.Length Sepal.Width Petal.Length Petal.Width Species
##          <dbl>       <dbl>        <dbl>       <dbl> <fct>
## 1          5.1         3.5          1.4         0.2 setosa
```

## 2	4.9	3	1.4	0.2 setosa
## 3	4.7	3.2	1.3	0.2 setosa
## 4	4.9	3	1.4	0.2 setosa
## 5	4.7	3.2	1.3	0.2 setosa
## 6	4.6	3.1	1.5	0.2 setosa

最后有一点需要注意的是，很多包中都会有 union 函数（实际上，基本包就具有同名的 union
函数）。函数重名现象会导致歧义，这样就无法保证调用的 union 函数就是我们想要的功能。想要
指定调用的 union 函数来自 dplyr 包，需要使用命名空间，也就是指定使用 dplyr 包中的 union 函数，
输入 dplyr::union(A,B) 即可。

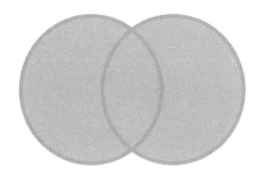

图 5-4　并集示意图

4. 补（setdiff）

取补集，也就是取存在于一个表格中而不在另一个表格中的成分（图 5-5）。两个表格是有左
右之分的。例如，取 A 对 B 的补集，那就是保留 A 中与 B 不同的记录；如果取 B 对 A 的补集，
那么就是保留 B 中与 A 不同的记录。具体代码如下：

```
# 取 A 对 B 的补集

A %>%

  setdiff(B)


## # A tibble: 1 x 5

##   Sepal.Length Sepal.Width Petal.Length Petal.Width Species

##          <dbl>       <dbl>        <dbl>       <dbl> <fct>
```

```
## 1            5.1            3.5            1.4            0.2 setosa


# 取 B 对 A 的补集

B %>%

  setdiff(A)


## # A tibble: 1 x 5

##  Sepal.Length Sepal.Width Petal.Length Petal.Width Species

##         <dbl>       <dbl>        <dbl>       <dbl> <fct>

## 1          4.6         3.1          1.5         0.2 setosa
```

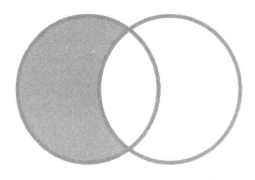

图 5-5　补集示意图

5.3.3　窗口函数（rank/lead/lag/cum）

在基本范式实现中，我们已经知道了如何在 tidyverse 生态系统中完成汇总操作。我们知道，要对数据进行汇总，就需要使用一个汇总函数（summary function），如求均值（mean）、求最大值（max）等。它们能够对一列向量进行计算，最后得到一个唯一的值；而这个唯一的值，是基于这一列向量的所有数据的。有的时候，我们也需要对一列向量进行计算，但是想要得到的却不仅是唯一的数值，而可能是一列数据。举个简单的例子，对于给定的学生成绩，需要给学生进行排名。我们输入的是所有学生成绩的数据，需要的输出就是每个学生在班级中的排名，这个排名就是一列数据，而不是唯一的值。我们把求排名这种函数，称为"窗口函数"（window function）。窗口函数除了求排名之外，还能求累计求和、累计求均值、前一时刻或后一时刻的数据等，它们在实际应用中有广泛的应用。下面我们会对这些窗口函数进行一一介绍，并用 dplyr 包的函数进行实现。

1. 数据准备

我们在这个展示中，将会用到基本包自带的数据集 BOD。它是一个 6 行 2 列的数据框，包括时间信息（Time）和生化需氧量（demand）信息。其中，时间的单位是天（days），生化需氧量的单位是毫克每升（mg/L）。我们先把数据转化为 tibble 格式保存起来：

```
library(pacman)

p_load(tidyverse)

BOD %>% as_tibble() -> BOD_tbl

BOD_tbl


## # A tibble: 6 x 2

##     Time demand

##    <dbl>  <dbl>

## 1      1    8.3

## 2      2   10.3

## 3      3     19

## 4      4     16

## 5      5   15.6

## 6      7   19.8
```

2. 排名函数（rank）

如果大家用过基本包的 rank 函数，那么这里的函数其实是一样的。先举一个简单的例子：

```
x = c(2,2,4,4,4)

row_number(x)


## [1] 1 2 3 4 5
```

这里定义了一个向量，内容为 2,2,4,4,4。我们先对它进行取行号的操作，这个方法非常简单，就是简单地标序号。

下面正式介绍排名。给所有数值从小到大进行排名是非常方便的。但是也有不如意的地方，如果两条记录的数值相同怎么办？例如，两个学生的分数都是最高的，那么两者肯定并列第一，后面的同学应该是第三名还是第二名？这个是可以自定义的。 如果设定是第三名，可以使用 min_rank 函数：

```
min_rank(x)
```

```
## [1] 1 1 3 3 3
```

如果设定是第二名，则用 dense_rank 函数：

```
dense_rank(x)
```

```
## [1] 1 1 2 2 2
```

有时，我们不使用绝对的排名数，而是想告诉大家，排名是前百分之多少。例如，如果一共有 20 个学生，那么排名在第 10 名的学生，他的排名百分比就是 50%。回到我们的例子中，我们使用 percent_rank 函数来计算排名百分比：

```
percent_rank(x)
```

```
## [1] 0.0 0.0 0.5 0.5 0.5
```

可以看到，排名第一的两个数字处于 0% 的位置，而其他数字都是 50%。实质上，percent_rank 函数计算的就是把原始排名重新缩放到 [0,1] 之间的范围。有时我们关心的不是绝对的位置，而是累计的比例值。例如，高考的时候，10 万名考生中一名学生考了第 1 万名，与这个学生同分的所有学生（包括这个学生）以及比他成绩好的考生占总学生数的多少？要计算这种指标，就要用到 cume_dist 函数：

```
cume_dist(x)
```

```
## [1] 0.4 0.4 1.0 1.0 1.0
```

可以看到，前面两个数字一起占了 40% 的覆盖范围。如果把最大的数字包含进来，马上就达到了 100% 的范围。也就是说，数字从小到大排列的时候，如果问小于等于 4 的数字占百分之几？那么就是百分之一百。如果问小于等于 2 的数字占百分之几？那么就是百分之四十。

最后，我们要介绍 ntile 函数，它的功能是把一个向量分为 n 个部分，也就是分箱操作，分为

n 个不同的范围。例如，我们现在要对 BOD_tbl 的 demand 参数分为 3 个区间：

```
BOD$demand

## [1]  8.3 10.3 19.0 16.0 15.6 19.8


ntile(BOD$demand,3)


## [1] 1 1 3 2 2 3
```

可以看到，ntile 函数把范围在 [8.3,19.8] 的区间分成了 3 个数量等级。需要明确的是，每个等级包含的样本数量应该是一致的，或者相差不远。

3. 滑动窗口函数（lead/lag）

金融分析中，经常用到时间滑动窗口，使用滑动平均线对股票大势进行判断。那么滑动窗口是什么呢？下面就使用 BOD 数据集来做解释。先来看数据的结构：

```
BOD_tbl


## # A tibble: 6 x 2

##     Time demand

##    <dbl>  <dbl>

## 1      1    8.3

## 2      2   10.3

## 3      3   19

## 4      4   16

## 5      5   15.6

## 6      7   19.8
```

也就是说第 1 天的 BOD 是 8.3，第 2 天是 10.3，……，第 7 天是 19.8。在第 2 天的时候，其实已经有第 1 天的数据，因此可以增加一列，表示前一天的数据：

```
BOD_tbl %>%
```

```
mutate(one_day_ago = lag(demand,1))
```

```
## # A tibble: 6 x 3
##     Time demand one_day_ago
##    <dbl>  <dbl>       <dbl>
## 1     1    8.3          NA
## 2     2   10.3         8.3
## 3     3   19          10.3
## 4     4   16          19
## 5     5   15.6        16
## 6     7   19.8        15.6
```

lag 函数可以求滞后的向量，例如：

```
x = 1:5
lag(1:5,n = 1)
```

```
## [1] NA  1  2  3  4
```

所得到的数据，都向右移动了一个位置。我们可以用 n 来调整要移动多少个位置。此外需要注意，移动滞后，第一个位置前面的数据是无法获得的，因此要填充缺失值（NA）。掌握了滞后的概念，就不难理解超前的概念了。同样能够用 lead 函数得到提前 n 个位置的向量：

```
lead(1:5,n = 1)
```

```
## [1]  2  3  4  5 NA
```

滑动窗口能够返回与原始向量长度一致的向量，因此非常适合配合 mutate 函数构造一个滞后的或超前的列。

4. 累计函数（cum）

累计函数，就是对该数据及其之前累计的数据所构成的向量进行计算。例如：

```
x = 1:5
```

```
cumsum(x)
```

```
## [1]  1  3  6 10 15
```

向量返回的是每个结果前面所有数字相加得到的数字，如果感觉不够直观，可以这么来看：

```
BOD_tbl %>%
  mutate(cumsum = cumsum(demand))
```

```
## # A tibble: 6 x 3
##    Time demand cumsum
##   <dbl>  <dbl>  <dbl>
## 1    1    8.3    8.3
## 2    2   10.3   18.6
## 3    3   19     37.6
## 4    4   16     53.6
## 5    5   15.6   69.2
## 6    7   19.8   89
```

可以观察到，每个 cumsum 列中的数字，都是其左边数字与上面数字之和。第一个数字没有上面的数字，则默认为 0。基本包中有 4 个累计函数，分别是：

- cumsum：累计求和；
- cumprod：累计求积；
- cummax：累计求最大值；
- cumin：累计求最小值。

下面逐个演示上面 4 个函数的用法。

```
BOD_tbl %>%
  mutate(cumsum = cumsum(demand),
         cumprod = cumprod(demand),
         cummax = cummax(demand),
         cummin = cummin(demand))
```

```
## # A tibble: 6 x 6
##     Time demand cumsum    cumprod cummax cummin
##    <dbl>  <dbl>  <dbl>      <dbl>  <dbl>  <dbl>
## 1     1    8.3    8.3        8.3    8.3    8.3
## 2     2   10.3   18.6       85.5   10.3    8.3
## 3     3   19     37.6      1624.    19     8.3
## 4     4   16     53.6     25989.    19     8.3
## 5     5   15.6   69.2    405428.    19     8.3
## 6     7   19.8   89     8027470.    19.8   8.3
```

dplyr 包中补充了 3 个累计函数，内容如下。

- cummean：累计求均值。
- cumall：接受逻辑向量，返回逻辑向量。如果向量前面的记录全部满足条件（全是 T）才返回 T，否则后面全部返回 F。
- cumany：接受逻辑向量，返回逻辑向量。如果向量一旦满足某个条件（第一个出现 T 之后），后面都返回 T。

cumall 函数和 cumany 函数不是特别好理解，下面我们举例说明。

例如，我们现在有一个需求：试问之前什么时候出现过 BOD 大于 15 的情况？

```
BOD_tbl %>%
  mutate(before_emerge_more_than_15 = cumany(demand > 15))
```

```
## # A tibble: 6 x 3
##     Time demand before_emerge_more_than_15
##    <dbl>  <dbl> <lgl>
## 1     1    8.3  FALSE
## 2     2   10.3  FALSE
## 3     3   19    TRUE
```

```
## 4      4    16    TRUE

## 5      5    15.6 TRUE

## 6      7    19.8 TRUE
```

我们发现，第 3 天之后，就已经出现过了 BOD 大于 15 的情况。

我们换一个需求：试问之前什么时候 BOD 一直小于 15？

```
BOD_tbl %>%

  mutate(keep_under_15 = cumall(demand < 15))



## # A tibble: 6 x 3

##     Time demand keep_under_15

##    <dbl>  <dbl> <lgl>

## 1     1    8.3 TRUE

## 2     2   10.3 TRUE

## 3     3   19   FALSE

## 4     4   16   FALSE

## 5     5   15.6 FALSE

## 6     7   19.8 FALSE
```

我们发现，两天之前水质持续出现 BOD 小于 15 的情况，但是此后，就不再满足这个条件。

5.3.4　连接数据库：对 SQL 的支持（dbplyr）

如果企业的规模比较大，那么数据大多是存储在数据库中的。大家知道，R 处理数据都是在内存中进行的，这样会非常快。但是数据量太大的话，对内存的压力太大了，那么就要放在数据库中进行操作了。RStudio 的 tidyverse 生态系统中，允许 R 语言环境连接数据库，需要用到 dbplyr 包，具体连接方法可以参考 https://dbplyr.tidyverse.org/articles/dbplyr.html。dbplyr 包可以支持连接 MySQL、MariaDB、Postgres 等各种商用和开源数据库。在连接数据库之后，就可以使用之前学到的 tidyverse 体系数据操作来进行作业调度了，非常便捷，甚至比写传统的 SQL 代码更简单。这里，我们会用 SQLite 做示范，因为它是轻量级的，很容易上手。我们会介绍如何在 R 环境下连接 SQL，然后通过 dplyr 包的函数来调度存储在数据库中的数据，再导出数据。此外，还会介绍如何把 dplyr 包函数写的 R 代码转化为 SQL 语句。

1. 连接数据库（dbConnect）

首先，我们需要安装必要的包：

```
library(pacman)

p_load(tidyverse,dbplyr,DBI,RSQLite)
```

然后，我们使用 dbConnect 函数创建一个连接，连接到一个创建在内存中的 SQLite 数据库。

```
con = dbConnect(SQLite(),path = ":memory:")
```

现在我们已经把 R 环境与数据库连接起来，在 R 中调用数据库需要通过 con 变量。

2. 数据存取（copy_to/tbl）

因为数据库是我们临时创建的，所以里面并没有任何数据。我们可以用 db_list_tables 函数来查看数据框中的数据表：

```
db_list_tables(con)



## character(0)
```

我们发现是一个空的字符型。现在放一个数据集 iris 进去，可以使用 copy_to 函数来完成：

```
copy_to(con,iris)

db_list_tables(con)



## [1] "iris"          "sqlite_stat1" "sqlite_stat4"
```

这样数据库中已经包含了 iris 数据集。我们还可以再放一个数据集进去，例如，把 mtcars 数据集放进去，这次我们要对表格进行命名，称为 "my_cars"：

```
copy_to(con,mtcars,name = "my_cars")

db_list_tables(con)



## [1] "iris"          "my_cars"          "sqlite_stat1" "sqlite_stat4"
```

可以看到数据库中显示出了 "my_cars"。接下来，我们要把 "my_cars" 表格从数据库中清除掉，要用 db_drop_table 函数：

```
db_drop_table(con,"my_cars")
```

```
## [1] 0
```

```
db_list_tables(con)
```

```
## [1] "iris"          "sqlite_stat1" "sqlite_stat4"
```

可以看到，db_drop_table 函数具有一个返回值 0。此外，我们发现 con 数据库中，my_cars 表格已经成功被清除了。现在大家已经知道，可以利用 copy_to 把外部数据放入数据库中，可以用 db_drop_table 删除表格，可以用 db_list_tables 查看数据库中有哪些表格。那么怎么引用数据库中的表格呢？可以使用 tbl 函数来查看。

```
tbl(con,"iris")
```

```
## # Source:    table<iris> [?? x 5]
## # Database: sqlite 3.22.0 []
##   Sepal.Length Sepal.Width Petal.Length Petal.Width Species
##          <dbl>       <dbl>        <dbl>       <dbl> <chr>
## 1          5.1         3.5          1.4         0.2 setosa
## 2          4.9         3            1.4         0.2 setosa
## 3          4.7         3.2          1.3         0.2 setosa
## 4          4.6         3.1          1.5         0.2 setosa
## 5          5           3.6          1.4         0.2 setosa
## 6          5.4         3.9          1.7         0.4 setosa
## 7          4.6         3.4          1.4         0.3 setosa
## 8          5           3.4          1.5         0.2 setosa
## 9          4.4         2.9          1.4         0.2 setosa
```

```
## 10         4.9         3.1         1.5         0.1 setosa
## # ... with more rows
```

不过每次都输入这么长的代码非常麻烦，我们可以把它直接赋值给一个变量，从而通过访问变量来直接引用数据库中的数据表：

```
tbl(con,"iris") -> db_iris
```

3. SQL 翻译（show_query）

对数据库中的变量进行数据处理，可以直接使用 dplyr 的函数。SQL 能够支持的 dplyr 函数非常多，可以在官网 https://dbplyr.tidyverse.org/articles/sql-translation.html 上进行查看。实际上，在后台中我们写的 dplyr 函数会被"翻译"成 SQL，然后在 SQL 中进行传统的 SQL 数据查询。例如，我们对数据库中的 iris 数据进行处理：

```
#分组获取各个物种中花瓣长度最大的两朵花的记录

db_iris %>%

  group_by(Species) %>%

  arrange(desc(Sepal.Length)) %>%

  head(2) -> a_sql
```

那么它实际是进行了一步什么 SQL 操作呢？我们可以用 show_query 函数进行查询：

```
a_sql %>%

  show_query()

## <SQL>
## SELECT *
## FROM 'iris'
## ORDER BY 'Sepal.Length' DESC
## LIMIT 2
```

截止到 2018 年 12 月，dbplyr 的版本还比较低，因此功能还没有被完全开发出来。但是已经能够得到一定程度的应用，如 SQL 翻译功能。包含层层嵌套的 SQL 可读性相对较差，但是 dplyr 的可读性非常强。我们完全可以先写 dplyr 的代码，然后再翻译成 SQL，最后用 SQL 语句在数据库中进行查询。事实上，translate_sql 函数可以对很多 dplyr 的函数进行转译，然后变成可以直接在数据库系统中进行查询的 SQL 代码，具体的细节可以参照官网 https://dbplyr.tidyverse.org/articles/sql-translation.html。

4. 关闭连接（dbDisconnect）

如果不需要再连接数据库了，可以关闭 R 环境与数据库的连接，代码如下：

```
dbDisconnect(con)

con



## <SQLiteConnection>

##   DISCONNECTED
```

这样，就成功关闭了 R 与数据库的连接。

5.3.5　巧妙写函数：变量的引用

这部分的内容是给需要写函数的高级用户参考的，如果读者暂时不需要编写自定义函数，或者暂时不能完全理解深层运作机制的话，可以先跳过这部分内容。

不知道大家有没有碰到这种情况：想要写一个函数，函数的输入是一个数据框和一个我们想要处理的变量名称。例如，函数 f(df,group_var,var)，df 是一个数据框，group_var 是我们想要分组的参数，我们要根据 group_var 变量对 df 数据框分组，然后对 var 进行求均值的汇总。函数如下：

```
p_load(tidyverse)    #所有功能尽在此包，不加载无法实现这些代码的引用操作


my_summarise = function(df,group_var,var){

  df %>%

    group_by(group_var) %>%

    summarise(avg = mean(var))

}
```

那么我们想要对 iris 数据集根据物种 Species 进行分组，然后求 Sepal.Length 的均值，理论上

应该这样求解：

```
my_summarise(iris,Species,Sepal.Length)


## Error in grouped_df_impl(data, unname(vars), drop): Column `group_var` is
unknown
```

但这样做显然行不通。这时就需要用到引用的函数。具体方法比较复杂，感兴趣的读者可以参考 https://dplyr.tidyverse.org/articles/programming.html 中的解释，这里先直接给出解决方案，首先重新定义函数，在指定位置用双叹号（!!）解除引用，然后在调用函数时使用引用函数即可。

```
my_summarise = function(df,group_var,var){
  df %>%
    group_by(!!group_var) %>%         # 对 group_var 去除引用
    summarise(avg = mean(!!var))      # 对 var 去除引用
}


my_summarise(iris,quo(Species),quo(Sepal.Length))   # 需要在指定变量处加引用函数
                                                      quo()


## # A tibble: 3 x 2
##    Species      avg
##    <fct>        <dbl>
## 1 setosa       5.01
## 2 versicolor   5.94
## 3 virginica    6.59
```

这样一来我们就得到正确答案了。此外，也可以用 UQ 函数来取代 !!，这在需要做非运算转换的时候可以避免歧义性（非运算的代码为 !）。不过，每次传递参数还要引用一下（也就是要加 quo）很麻烦。既然要重复操作，不如直接写进函数中，但在函数中直接用 quo 函数是不行的。我们先做一个尝试：

```
my_summarise = function(df,group_var,var){

  quo(group_var) -> quo_group_var

  quo(var) -> quo_var

  df %>%

    group_by(!!quo_group_var) %>%

    summarise(avg = mean(!!quo_var))

}



my_summarise(iris,Species,Sepal.Length)



## Error in grouped_df_impl(data, unname(vars), drop): Column `group_var` is
unknown
```

那么，应该用什么函数呢？在函数内部需要用 enquo 函数来表达引用：

```
my_summarise = function(df,group_var,var){

  enquo(group_var) -> quo_group_var

  enquo(var) -> quo_var

  df %>%

    group_by(!!quo_group_var) %>%

    summarise(avg = mean(!!quo_var))

}



my_summarise(iris,Species,Sepal.Length)



## # A tibble: 3 x 2

##   Species          avg

##   <fct>          <dbl>
```

```
## 1 setosa      5.01

## 2 versicolor  5.94

## 3 virginica   6.59
```

成功了！这样，我们就知道如何巧妙地构造函数，从而实现定制化的分组计算。下面我们会拓展这个功能，讲一些新的应用。

1. 构造新列进行汇总（enquo/!!）

我们在上面的例子中已经构造了一个函数：

```
my_summarise = function(df,group_var,var){

  enquo(group_var) -> quo_group_var

  enquo(var) -> quo_var

  df %>%

    group_by(!!quo_group_var) %>%

    summarise(avg = mean(!!quo_var))

}
```

它的功能是针对数据表 df，按照 group_var 进行分组，然后对 var 变量求均值。如果花瓣长度 Sepal.Length 乘花瓣宽度 Sepal.Width 得出近似于花瓣的面积，那么能否利用这个函数对花瓣的面积求均值呢？我们先用正常的方法来求，也就是不用函数：

```
iris %>%

  mutate(area = Sepal.Length*Sepal.Width) %>%

  group_by(Species) %>%

  summarise(avg.area = mean(area))


## # A tibble: 3 x 2

##   Species      avg.area

##   <fct>          <dbl>

## 1 setosa          17.3
```

```
## 2 versicolor    16.5

## 3 virginica     19.7
```

如果利用函数，应该这样写：

```
my_summarise(iris,Species,Sepal.Length*Sepal.Width)
```

```
## # A tibble: 3 x 2

##   Species       avg

##   <fct>        <dbl>

## 1 setosa        17.3

## 2 versicolor    16.5

## 3 virginica     19.7
```

由此得出，我们的确可以直接通过传递参数的方法，对构造的新列进行汇总操作。

2. 通过函数参数修改输出列的名称（quo_name）

我们发现，列名称都是我们自己定义的，最后汇总列的名称都是 avg。能不能利用输入变量的信息，来更改输出变量的列名称呢？答案是肯定的。这里，我们根据上面函数的 var 来构造新的列名称，从而让列名称能够反映我们求的是什么变量，达到见名知意的效果。

```
my_summarise = function(df,group_var,var){

  enquo(group_var) -> quo_group_var

  enquo(var) -> quo_var

  avg_name = paste0("avg_",quo_name(quo_var))   #定义输出变量名称是 avg_ 为前缀，
                                                 加变量名称


  df %>%

    group_by(!!quo_group_var) %>%

    summarise(!!avg_name := mean(!!quo_var))    #让输出结果直接放到这个名称的变
                                                 量中

}
```

```
my_summarise(iris,Species,Sepal.Length)

## # A tibble: 3 x 2

##   Species      avg_Sepal.Length

##   <fct>                   <dbl>

## 1 setosa                   5.01

## 2 versicolor               5.94

## 3 virginica                6.59
```

这里主要对原有的函数做了两个改变。第一步是需要定义变量名，也就是用 quo_name 函数来获取我们所引用变量的字符串形式，然后用 paste0 函数拼接起来，得到了我们想要的列名称。第二步是在最后赋值的时候，新的列名称需要用 !! 引用，而且赋值方式不是传统的等号（=），而是 := 符号。

3. 传递多个参数（...）

当使用分组函数时，我们有时想要根据多个列进行分组。如果希望能够设置任意数量的列，也就是可多可少，那么这时就需要用到 ... 了。这个例子我们需要重新构造数据集：

```
df <- tibble(

  g1 = c(1, 1, 2, 2, 2),

  g2 = c(1, 2, 1, 2, 1),

  a = 1:5,

  b = 5:1

)
```

现在，我们希望能够根据任意变量分组，例如，也就是可以根据 g1 分组，也可以根据 g2 分组，还可以根据 g1、g2 一起分组。例如，分组求 *a* 变量的均值：

```
my_summarise <- function(df, ...) {

  group_var <- quos(...)    #需要用 quos() 函数来引用多个参数
```

```
df %>%

  group_by(!!! group_var) %>%     #需要用 !!! 来去除多个参数引用

  summarise(a = mean(a))

}
```

根据 g1 进行分组：

```
my_summarise(df, g1)


## # A tibble: 2 x 2

##       g1      a

##    <dbl>  <dbl>

## 1      1    1.5

## 2      2      4
```

根据 g2 进行分组：

```
my_summarise(df, g2)


## # A tibble: 2 x 2

##       g2      a

##    <dbl>  <dbl>

## 1      1      3

## 2      2      3
```

根据 g1、g2 进行分组：

```
my_summarise(df, g1, g2)


## # A tibble: 4 x 3

## # Groups:    g1 [?]

##       g1     g2      a
```

```
##     <dbl> <dbl> <dbl>
## 1      1     1     1
## 2      1     2     2
## 3      2     1     4
## 4      2     2     4
```

注意，... 并不是万能的，它有一定的适用条件。这里之所以能用它，是因为 group_by 函数的末位能够接受任意数量的参数。

第3部分
高级进阶

在讲"大数据"时，最初大家都喜欢提 3 个 V，即 Variety、Velocity、Volume，分别表示多样性、速度和容量。数据处理技术早就有了，但是在大数据时代数据"爆炸"的背景下，机器能否快速处理海量的数据是个至关重要的问题。R 语言的开放社区对这个问题也从未忽视，因此有了用 data.table 包来解决速度，用 sparklyr 包来解决容量的方法。本书这一部分内容将会讲解如何利用这两个包实现大数据的分析。

第6章

data.table：高速数据处理

R、Python 等解释性语言一直被认为是高级语言，人们可以很容易地看懂它，但是计算机却没有那么容易"看懂"它。计算机的运算速度比较快，人比较慢，所以使用让人能够理解的开发语言能提高整体开发速度，这就是高级语言的便捷性。但是如果处理的问题比较单一，容易理解，并且对数据处理的速度要求又很高时，那么就有必要"牺牲"开发速度来换取更快的机器处理速度了。data.table 就是一种折中方案，尽管入门相对较难，但是熟练之后会发现，它在内存中处理数据的速度真的是太快了。

6.1　data.table 简介

天下武功，唯快不破。在互联网时代，更是如此。在信息时代，数据产生的速度也越来越快，这就要求有与之匹配的处理速度，所以熟练掌握一门编程语言势在必行。目前比较热门的编程语言（包括 R、Python），都以入手容易著称，也就是能够大大缩短编程人员开发的时间。有的开发人员甚至能够在极其短暂的时间内掌握一门甚至是多门程序语言。但是在众多编程语言中，R 和 Python 的运行速度却不是最快的，它们与传统的 C 语言相比要慢很多。在海量数据的快速处理方面，这些热门的编程语言还有很长的路要走。

我们在举例时用的都是非常小的数据集，因此大家可能体会不深。但是在企业或科学研究中，我们通常会面对几十万行甚至上百万行的记录。这样的话，可能一个很简单的操作也需要等待很长的时间（几分钟、几小时，甚至几天）才能够得到结果。这时就需要引入高性能运算了，而 R 语言的 data.table 包为这个问题提供了非常优秀的解决方案（图 6-1 所示为 data.table 包的 LOGO）。

图 6-1　data.table 六边形 LOGO

　　截止到 2018 年 11 月，data.table 在 Stack Overflow 关于 R 包的内容中，被提到的次数排名为第 4，在 GitHub 上评星系统中排名第 10。至少有 650 个包需要依赖这个包，也就是如果要用到这 650 个包就必须先安装 data.table。data.table 包在 2006 年完成了 1.0 的版本，一直维护至今，笔者在写这本书时，正在开发 1.11.9 版本。在 R 语言中，很多人都是为解决某一些小的问题而写一个包，问题解决后，感觉可以告一段落了，就不会继续维护了。但是 data.table 包能够存活 10 年以上，而且还在持续更新，可见它的用户群体之广，影响力之深远。data.table 包的作者是 Matt Dowle，他在 GitHub 主页中这样评价 data.table：" It provides a high-performance version of base R's data.frame with syntax and feature enhancements for ease of use, convenience and programming speed"。也就是说，从本质上来讲它是 R 语言 data.frame 的强大辅助工具，易用、便捷、快速。

　　其实早在 2014 年年初，我们前面学习的 dplyr 包与 data.table 包在 Stack Overflow 中曾引发了一场相当激烈的技术争论。原文题目是 *data.table vs dplyr: can one do something well the other can't or does poorly?*（翻译过来就是，哪个包能够完成对方无法完成的任务，或者是同样的任务，谁完成得更好？）两个包的使用者、作者、合作者汇聚一堂，在小小的提问中"八仙过海，各显神通"，通过案例比较来说明自身相比对方具有更多优越性。期间各方文辞犀利，案例详尽，堪称典范。这里我们不对这场争论进行评价，笔者认为技术界能"百花齐放，百家争鸣"是一件相当美好的事情。正如 R 语言与 Python 语言之争，争论本身是没有意义的。语言都是工具，各种包也是工具，都是为了优秀地完成任务而存在的。可以有不同特点，但不应有优劣之分。

　　下面针对 dplyr 和 data.table 两个包谈一下笔者"客观"的感受。

　　dplyr 比 data.table 更容易学习，更容易写出高效的代码，可读性也更强。在争论中，dplyr 一派称之为"Syntax"，笔者的个人理解为语法结构。它能够最大限度节省用户的编程时间，善莫大焉！

　　data.table 更快，就数据导入而言，fread 函数的速度是非常快的，其他操作也是一样，同样的操作 data.table 只会比 dplyr 更快。至于快多少，取决于我们要解决的任务和计算机的配置。也许小的任务，各语言的处理速度差不多，因为基本都是秒级运算，所以看不出明显的差距。但是如果数据量一加大，这个差距还是相当明显的。

　　综上，就笔者的感受而言，dplyr 语法格式简洁优雅，易写易读，这是为什么这里要把这部分的内容放在最前面的原因。但是笔者依然要把 data.table 的部分作为重要的进阶知识分享给大家，以满足更高层次的需求。如果对速度没有要求的用户，例如，只做一些小小的研究探索，那么 dplyr 包就完全够用了。但是如果要天天对着 G 级以上的数据做操作，那么 data.table 还是要深入学习一下。图 6-2 展示了完成相同任务的时候，不同方案所需要的时间。大家可以看到，如果数据不是分布式存储的，data.table 的速度甚至能够直接跟 Spark "叫板"！

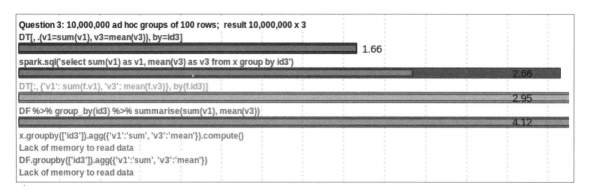

图 6-2　data.table 与其他解决方案运行速度的比较

6.2　基本范式实现

如果把 data.table 形容得很难，也是不对的。事实上，很多资深 data.table 用户的体会是，当你理解了它的逻辑结构之后，写起来相当容易。事实上在官网中（https://github.com/Rdatatable/data.table/wiki），笔者通过一页纸的内容就写清楚了 data.table 的各种功用和对应的语法结构。很多从业者认为，对每天必须面对海量数据集的他们而言，"好的语法结构"真的没有那么重要。下面，我们将会沿用之前的案例，看看使用 data.table 如何实现数据处理的基本范式。首先，载入 data.table 包。

```
library(pacman)

p_load(data.table)
```

6.2.1　创建（fread/data.table/setDT）

就像 tidyverse 生态系统具有 tibble 这种数据结构，data.table 则有一种称为 data.table 的数据结构。data.table 同样是 data.frame 的增强模式，它具备以下特征。

- 从来不会自动把字符型变量转化为因子型变量。
- 行标号与数据直接用冒号（:）隔开，以示分隔。
- 当记录个数超过 n 行时（默认 n 等于 100），会自动显示前 5 列和后 5 列，不过像数据框一样无限输出。这个可以使用 options(datatable.print.nrows = n) 来设定 n 是多少，可以用 getOption("datatable.print.nrows") 来对 n 进行查询。
- data.table 从来不使用行名称。其实，行名称完全可以化为一列存在，因此没有存在的必要。

在上面这个例子中，显示前 2 列和后 2 列就足够了，因此利用 options 函数进行设置：

```
options(datatable.print.topn = 2)
```

要在 R 环境中创建 data.table 格式的表格，有 3 种形式：内部创建、强制转换和外部读入。

1. 内部创建（data.table）

创建 data.table 其实与创建 data.frame 的语法完全一样。事实上，所有 data.table 都继承 data.frame 的所有属性，这一点 tibble 也是一样的。下面我们创建一个基本的 data.table：

```
DT = data.table(

  ID = c("b","b","b","a","a","c"),

  a = 1:6,

  b = 7:12,

  c = 13:18

)

DT


##     ID a  b  c

## 1:  b 1  7 13

## 2:  b 2  8 14

## 3:  b 3  9 15

## 4:  a 4 10 16

## 5:  a 5 11 17

## 6:  c 6 12 18
```

我们来看看它的数据结构：

```
str(DT)


## Classes 'data.table' and 'data.frame':   6 obs. of  4 variables:

## $ ID: chr  "b" "b" "b" "a" ...

## $ a : int  1 2 3 4 5 6

## $ b : int  7 8 9 10 11 12
```

```
##  $ c : int   13 14 15 16 17 18
##  - attr(*, ".internal.selfref")=<externalptr>
```

它既是一个 data.table，也是一个 data.frame。

2. 强制转换（as.data.table/setDT）

我们可以把已经有的数据框、矩阵和列表转换为 data.table 格式。转换函数有两个：一个是 as.data.table 函数，另一个是 setDT 函数。前者与 as.data.frame 函数和 as.tibble 函数是一样的，能够自由转换成别的格式。setDT 函数则称为引用转换，也就是说，转换之后不需要赋值，原始的变量直接变成了 data.table。我们来分别演示一下。首先，我们的例子主要用到 iris 数据集，因此要把它转换为 data.table 格式，存放在 iris.dt 变量中：

```
as.data.table(iris) -> iris.dt    # 如果直接用 data.table(iris) 也是可以的

iris.dt

##      Sepal.Length Sepal.Width Petal.Length Petal.Width    Species
##   1:          5.1         3.5          1.4         0.2     setosa
##   2:          4.9         3.0          1.4         0.2     setosa
##  ---
## 149:          6.2         3.4          5.4         2.3  virginica
## 150:          5.9         3.0          5.1         1.8  virginica
```

然后，再来试试 setDT 函数。需要明确，如果用 setDT 函数，就不需要额外的赋值操作，返回结果会自动赋值给原来的变量。我们用 mtcars 数据集来举例，因为基本包的内置数据集是不能随便更改的，因此我们先赋值给 a。

```
mtcars -> a

str(a)

## 'data.frame':    32 obs. of  11 variables:
##  $ mpg : num  21 21 22.8 21.4 18.7 18.1 14.3 24.4 22.8 19.2 ...
```

```
## $ cyl : num  6 6 4 6 8 6 8 4 4 6 ...

## $ disp: num  160 160 108 258 360 ...

## $ hp  : num  110 110 93 110 175 105 245 62 95 123 ...

## $ drat: num  3.9 3.9 3.85 3.08 3.15 2.76 3.21 3.69 3.92 3.92 ...

## $ wt  : num  2.62 2.88 2.32 3.21 3.44 ...

## $ qsec: num  16.5 17 18.6 19.4 17 ...

## $ vs  : num  0 0 1 1 0 1 0 1 1 1 ...

## $ am  : num  1 1 1 0 0 0 0 0 0 0 ...

## $ gear: num  4 4 4 3 3 3 3 4 4 4 ...

## $ carb: num  4 4 1 1 2 1 4 2 2 4 ...
```

现在，我们把 a 变量变成 data.table 格式：

```
setDT(a)

str(a)


## Classes 'data.table' and 'data.frame':   32 obs. of  11 variables:

## $ mpg : num  21 21 22.8 21.4 18.7 18.1 14.3 24.4 22.8 19.2 ...

## $ cyl : num  6 6 4 6 8 6 8 4 4 6 ...

## $ disp: num  160 160 108 258 360 ...

## $ hp  : num  110 110 93 110 175 105 245 62 95 123 ...

## $ drat: num  3.9 3.9 3.85 3.08 3.15 2.76 3.21 3.69 3.92 3.92 ...

## $ wt  : num  2.62 2.88 2.32 3.21 3.44 ...

## $ qsec: num  16.5 17 18.6 19.4 17 ...

## $ vs  : num  0 0 1 1 0 1 0 1 1 1 ...

## $ am  : num  1 1 1 0 0 0 0 0 0 0 ...

## $ gear: num  4 4 4 3 3 3 3 4 4 4 ...
```

```
## $ carb: num  4 4 1 1 2 1 4 2 2 4 ...

## - attr(*, ".internal.selfref")=<externalptr>
```

现在，我们没有赋值，但是 a 已经变为 data.table 的格式了。

3. 外部读入（fread/fwrite）：最快的 csv 读写函数

fread 也许是 data.table 最著名的函数之一，它是目前 R 语言中读取 csv 格式文件最快的函数！关于它的各种高级特性，可以在官网 https://github.com/Rdatatable/data.table/wiki/Convenience-features-of-fread 中进行了解。如果读者希望知道它有什么个性化的参数设置，可以用 ?fread 进行查询。事实上它的使用方法是非常简便，与前面介绍的 read.csv 的用法一样，直接放入路径就可以读取任意 csv，并返回一个 data.table 格式的变量了。我们先读出一个变量到 D 盘根目录。data.table 的 fwrite 函数一样非常有名，它是写出 csv 格式数据最快的函数。

```
fwrite(iris.dt,"D:/iris.csv")
```

接下来，我们重新读入：

```
fread("D:/iris.csv") -> iris.1  # 用 fread 读入文件，赋值给 iris.1 变量

class(iris.1) # 查看 iris.1 的数据类型
```

```
## [1] "data.table" "data.frame"
```

操作实在太简便了，不过 iris 数据集太小了，我们看不到它的"威力"。条件允许的读者，可以拿大的 csv 进行读写尝试，使用方法是一样的，但是加速效果非常明显。

6.2.2　删除（rm/file.remove）

表格删除在所有 R 环境中基本都是一样的，都是使用 rm 包。我们这次只留下 iris.dt 变量做演示：

```
rm(list=setdiff(ls(), "iris.dt"))
```

此外，我们每次都在 D 盘根目录下写出文件，但是并没有删除它。其实我们也应该知道如何利用 R 管理文件夹中的文件，因此我们尝试对之前在 D 盘中创建的文件进行删除。还记得每次对写出文件的命名都是"iris.csv"，我们用基本包的 file.exists 函数看看这个文件是否还在 D 盘根目录中：

```
file.exists("D:/iris.csv")
```

```
## [1] TRUE
```

程序返回了一个逻辑值 T，说明这个文件还在 D 盘根目录中，下面我们用 file.remove 函数把它删除掉：

```
file.remove("D:/iris.csv")
```

```
## [1] TRUE
```

返回值证明已经成功删除了，让我们再看它是否存在：

```
file.exists("D:/iris.csv")
```

```
## [1] FALSE
```

现在在 D 盘根目录中已经找不到这个文件了。

6.2.3　检索（DT[i,j,by]）

检索是最基本的操作，但是需要明确的是，检索返回的一般还是一个 data.table。我们需要统一返回的格式，这样有利于规范我们的数据处理范式。

1. 行检索（DT[i,j,by]）

因为 data.table 永远不会使用行名称，因此对行的检索只能通过序号，也就是告诉程序我们要检索第几行。操作基本与基本包的 data.frame 类似，但是要记住，data.table 的最基本格式是 DT[i,j,by]。其中，i 控制行，j 控制列，by 控制分组。要进行行检索，只要对 i 进行控制即可。尽管在语法上，data.table 允许缺省其他逗号，直接对行进行检索（即 DT[i]）。但是这里不建议这么做，而是倡导永远把所有逗号补全（即 DT[i,,]）。下面我们来举例子熟悉一下操作。选取第 2 行：

```
iris.dt[2,,]
```

```
##    Sepal.Length Sepal.Width Petal.Length Petal.Width Species
## 1:          4.9           3          1.4         0.2  setosa
```

选取第 2 ~ 5 行：

```
iris.dt[2:5,,]
```

```
##    Sepal.Length Sepal.Width Petal.Length Petal.Width Species
```

```
## 1:        4.9        3.0        1.4        0.2 setosa
## 2:        4.7        3.2        1.3        0.2 setosa
## 3:        4.6        3.1        1.5        0.2 setosa
## 4:        5.0        3.6        1.4        0.2 setosa
```

选取第 3、5、9 行：

```
iris.dt[c(3,5,9),,]
```

```
##    Sepal.Length Sepal.Width Petal.Length Petal.Width Species
## 1:        4.7        3.2        1.3        0.2 setosa
## 2:        5.0        3.6        1.4        0.2 setosa
## 3:        4.4        2.9        1.4        0.2 setosa
```

去除第 2 ~ 4 行：

```
iris.dt[-(2:4),,]  #等价于 iris.dt[!2:4,,]
```

```
##      Sepal.Length Sepal.Width Petal.Length Petal.Width    Species
##   1:        5.1        3.5        1.4        0.2    setosa
##   2:        5.0        3.6        1.4        0.2    setosa
## ---
## 146:        6.2        3.4        5.4        2.3 virginica
## 147:        5.9        3.0        5.1        1.8 virginica
```

大家可以看到，如果需要选择多行，就需要用向量来操作。

2. 列检索（DT[i,*j*,by]）

列检索与基本包有相似之处，但是也不完全相同。我们可以根据序号和列名称来检索数据表的列。先介绍用序号来选择，因为它与数据框的操作基本是一样的，但是我们不能丢掉的是它经典的 DT[i,j,by] 格式。下面举例说明。选取第 2 列：

```
iris.dt[,2,]
```

```
##      Sepal.Width
##   1:         3.5
##   2:         3.0
##  ---
## 149:         3.4
## 150:         3.0
```

选取第 2 ~ 4 列：

```
iris.dt[,2:4,]
```

```
##      Sepal.Width Petal.Length Petal.Width
##   1:         3.5          1.4         0.2
##   2:         3.0          1.4         0.2
##  ---
## 149:         3.4          5.4         2.3
## 150:         3.0          5.1         1.8
```

选取第 1、3、5 列：

```
iris.dt[,c(1,3,5),]
```

```
##      Sepal.Length Petal.Length   Species
##   1:          5.1          1.4    setosa
##   2:          4.9          1.4    setosa
##  ---
## 149:          6.2          5.4 virginica
## 150:          5.9          5.1 virginica
```

去除第 2、3 列：

```
iris.dt[,-(2:3),]   #等价于 iris.dt[,!2:3,]
```

```
##        Sepal.Length Petal.Width    Species

##   1:            5.1         0.2    setosa

##   2:            4.9         0.2    setosa

## ---

## 149:            6.2         2.3  virginica

## 150:            5.9         1.8  virginica
```

如果把想要选择的列序号存放在变量中，然后通过变量引用来读取，是必须通过特殊操作的。特殊操作就是在这个变量前加".."，例如：

```
c(1,3,4) -> a

iris.dt[,..a,]
```

```
##        Sepal.Length Petal.Length Petal.Width

##   1:            5.1          1.4         0.2

##   2:            4.9          1.4         0.2

## ---

## 149:            6.2          5.4         2.3

## 150:            5.9          5.1         1.8
```

现在，我们尝试利用列的名称对表格的列进行检索。尽管我们可以把列名称直接放在 DT[i,j,by] 中的 j 里面，即输入 iris.dt[,Sepal.Length,]，但是这样会返回一个向量，而不是 data.table，因此我们不用这个方法。要返回 data.table 格式，需要在查询列名称时输入 .() 格式。例如，我们选取 Sepal.Length 列：

```
iris.dt[,.(Sepal.Length),]
```

```
##        Sepal.Length

##   1:            5.1
```

```
##   2:          4.9

##   ---

## 149:          6.2

## 150:          5.9
```

如果要选取多列，直接加上即可，中间用逗号分隔：

```
iris.dt[,.(Sepal.Length,Sepal.Width,Species),]
```

```
##      Sepal.Length Sepal.Width    Species

##   1:          5.1         3.5     setosa

##   2:          4.9         3.0     setosa

##   ---

## 149:          6.2         3.4  virginica

## 150:          5.9         3.0  virginica
```

其实，行列检索是可以同时检索的。例如，我们需要提取第 3 ～ 5 行的第 1 ～ 3 列，代码如下：

```
iris.dt[3:5,1:3,]
```

```
##    Sepal.Length Sepal.Width Petal.Length

## 1:          4.7         3.2          1.3

## 2:          4.6         3.1          1.5

## 3:          5.0         3.6          1.4
```

6.2.4　插入（DT[,new.column := anything,]）

因为 data.table 本质上还是一个 data.frame，所以如果要按照行列进行合并，操作与基本包是完全一致的，依然是用 rbind 函数和 cbind 函数。不过 data.table 构造一个新列，是需要知道如何操作的。因为它需要用到 := 进行赋值。例如，我们要给 iris.dt 增加一个常数列，名称为 new.column，所有数字均为 1：

```
iris.dt[,new.column := 1,]
```

```
iris.dt
```

```
##      Sepal.Length Sepal.Width Petal.Length Petal.Width   Species
## 1:            5.1         3.5          1.4         0.2    setosa
## 2:            4.9         3.0          1.4         0.2    setosa
## ---
## 149:          6.2         3.4          5.4         2.3 virginica
## 150:          5.9         3.0          5.1         1.8 virginica
##        new.column
## 1:              1
## 2:              1
## ---
## 149:            1
## 150:            1
```

你没有看错，在 data.table 中增加新列，是马上返回给原来的变量的。也就是说，iris.dt 在插入列的那一刻，它就不是原来的样子了，而是加入了一列。如果想要删除这一列，需要把空值 NULL 赋值给这一列：

```
iris.dt[,new.column := NULL,]
```

```
iris.dt
```

```
##      Sepal.Length Sepal.Width Petal.Length Petal.Width Species
## 1:            5.1         3.5          1.4         0.2  setosa
## 2:            4.9         3.0          1.4         0.2  setosa
## ---
```

| ## 149: | 6.2 | 3.4 | 5.4 | 2.3 virginica |
| ## 150: | 5.9 | 3.0 | 5.1 | 1.8 virginica |

　　这样它就还原为我们最初的表格了。很多 data.table 爱好者认为这是一个优良的特性，可以少写一个赋值语句。其实要客观地看待，因为很多时候我们希望还能重复利用原来的表格，但是这样赋值之后原来的表格就发生了变化。在这种情况下，只能先通过赋值做一个备份，然后再进行添加列的操作。

6.2.5　排序（DT[order[x],,]）

　　data.table 的排序基本与 data.frame 相似，就是对变量进行排序，也是要用 order 函数。不过 data.table 已经进行了优化，我们不需要每次都用 $ 取值。例如，如果我们要根据 Sepal.Length 进行升序排列：

```
iris.dt[order(Sepal.Length),,]
```

##	Sepal.Length	Sepal.Width	Petal.Length	Petal.Width	Species
## 1:	4.3	3.0	1.1	0.1	setosa
## 2:	4.4	2.9	1.4	0.2	setosa
## ---					
## 149:	7.7	3.0	6.1	2.3	virginica
## 150:	7.9	3.8	6.4	2.0	virginica

　　降序排列加入负号即可：

```
iris.dt[order(-Sepal.Length),,]
```

##	Sepal.Length	Sepal.Width	Petal.Length	Petal.Width	Species
## 1:	7.9	3.8	6.4	2.0	virginica
## 2:	7.7	3.8	6.7	2.2	virginica
## ---					
## 149:	4.4	3.2	1.3	0.2	setosa
## 150:	4.3	3.0	1.1	0.1	setosa

多个变量排序也与基本包一样，例如，需要先对 Sepal.Length 进行升序排列，再对 Sepal.Width 进行降序排列，就用 iris.dt[order(Sepal.Length,-Sepal.Width),,]。

6.2.6 过滤（DT[*condition*,j,by]）

在 data.table 进行过滤，主要是靠 DT[i,j,by] 中的 i 来进行的，也就是把条件放在 i 中即可。例如，我们要选择 Sepal.Length 等于 5.1 的记录：

```
iris.dt[Sepal.Length == 5.1,,]
```

```
##    Sepal.Length Sepal.Width Petal.Length Petal.Width    Species
## 1:          5.1         3.5          1.4         0.2     setosa
## 2:          5.1         3.5          1.4         0.3     setosa
## 3:          5.1         3.8          1.5         0.3     setosa
## 4:          5.1         3.7          1.5         0.4     setosa
## 5:          5.1         3.3          1.7         0.5     setosa
## 6:          5.1         3.4          1.5         0.2     setosa
## 7:          5.1         3.8          1.9         0.4     setosa
## 8:          5.1         3.8          1.6         0.2     setosa
## 9:          5.1         2.5          3.0         1.1 versicolor
```

可以通过且（&）、或（|）、非（!）来进行条件控制，这一点与基本包 data.frame 是一样的。例如，我们要选择 Sepal.Length 等于 5.1 且 Sepal.Width 大于 3.5 的记录：

```
iris.dt[Sepal.Length == 5.1 & Sepal.Width > 3.5,,]
```

```
##    Sepal.Length Sepal.Width Petal.Length Petal.Width Species
## 1:          5.1         3.8          1.5         0.3  setosa
## 2:          5.1         3.7          1.5         0.4  setosa
## 3:          5.1         3.8          1.9         0.4  setosa
## 4:          5.1         3.8          1.6         0.2  setosa
```

6.2.7 汇总（DT[i,*summary_function*,by]）

汇总就是把一个向量变为一个数值。在 data.table 中汇总需要控制 DT[i,j,by] 中的 j。例如，我们要得到 Sepal.Length 的均值：

```
iris.dt[,mean(Sepal.Length),]
```

```
## [1] 5.843333
```

如果想要对多个列进行求均值的操作，就需要用到 .SDcols 和 .SD 这些指定的特殊符号了。例如，现在要求 Sepal.Length 和 Sepal.Width 的均值，代码如下：

```
iris.dt[,lapply(.SD, mean, na.rm=TRUE),

        .SDcols = c("Sepal.Length","Sepal.Width")]
```

```
##      Sepal.Length Sepal.Width

## 1:      5.843333     3.057333
```

首先需要注意，这里多按了一次回车键，这并不是随便按的。因为这两步操作完成不同的步骤，因此用回车键把它们分开，表示有一定的层次。这个操作，第一步是利用 .SDcols 来指定要操作的列是哪些，.SD 则是指数据的子集，它是数据根据分组（后面会讲到）返回的若干列。尽管没有分组，但是这里必须用 lapply 函数才能够正确完成操作。最后还设置了 na.rm=TRUE 来保证忽略缺失值。其实我们的数据中并没有缺失值，写出来只是为了告诉大家，能够用这种方法对函数传递额外的参数。我们知道，列名称是在 .SDcols 中进行选择的，所以也可以根据列名称进行筛选。例如，我们要选列名称以"Width"结尾的变量的均值，可以利用基本包中的 endsWith 函数：

```
iris.dt[,lapply(.SD, mean, na.rm=TRUE),

        .SDcols = endsWith(names(iris.dt),"Width")]
```

```
##      Sepal.Width Petal.Width

## 1:      3.057333     1.199333
```

说实话，要写出这样的代码还是要花点工夫思考的（例如，你需要知道基本包有 endsWith 函数，还有 startsWith 函数）。不过为了提高运行速度，这一切都是值得的。如果想要得到所有数值型变量的均值，就要想办法得到数值型变量的变量名，然后放进 .SDcols 中即可。至于具体怎么做，可以看下面的代码：

```
sapply(iris.dt,class) -> a        #sapply 按照列来做函数操作，这里全部求它们的列向量数
                                   据类型

names(a[a=="numeric"]) -> numeric.names     #把数据类型为数值型的列名称提取出来


iris.dt[,lapply(.SD, mean, na.rm=TRUE),

       .SDcols = numeric.names]


##    Sepal.Length Sepal.Width Petal.Length Petal.Width
## 1:     5.843333    3.057333        3.758    1.199333
```

"只要功夫深，铁杵磨成针"。这种操作肯定没有 tidyverse 生态系统方便、清晰，但是只要能够抓住本质，基本还是可以实现的。还是那句话，为了速度，一切都是值得的。

6.2.8 分组（DT[i,j,*by*]）

data.table 中分组是通过控制 DT[i,j,by] 中的 by 来实现的，by 可以接收一个需要进行分组的变量。这里建议尽量在变量中加入 .() 符号，这样可以保证结果返回另一个 data.table。不过在只有一个变量的时候，其实是可以默认的。下面举个例子，我们要根据 Species 分组，然后对 Sepal.Length 求平均值。这与我们之前的汇总操作一样，只是这次增设了一个 by 参数而已。

```
iris.dt[,mean(Sepal.Length),by = Species]


##        Species     V1
## 1:      setosa  5.006
## 2: versicolor  5.936
## 3:  virginica  6.588
```

不过这样的话，列名称不够直观，我们可以使用 .SDcols 来控制需要处理的列：

```
iris.dt[,lapply(.SD, mean, na.rm=TRUE),

       by = Species,

       .SDcols = "Sepal.Length"]
```

```
##        Species Sepal.Length

## 1:      setosa        5.006

## 2: versicolor        5.936

## 3:  virginica        6.588
```

对多个列进行操作也大同小异：

```
iris.dt[,lapply(.SD, mean, na.rm=TRUE),

        by = Species,

        .SDcols = c("Sepal.Length","Sepal.Width")]
```

```
##        Species Sepal.Length Sepal.Width

## 1:      setosa        5.006       3.428

## 2: versicolor        5.936       2.770

## 3:  virginica        6.588       2.974
```

事实上在目前的版本中，.SDcols 可以放在 DT[i,j,by] 中的任意位置。但是这里建议永远把这部分放在最后，不要破坏传统的 DT[i,j,by] 结构，这样可以提高代码的可读性。此外，data.table 支持在分组后对分组变量进行自动排序，只要把 by 替换成 keyby 即可：

```
iris.dt[,mean(Sepal.Length),keyby = Species]
```

```
##        Species    V1

## 1:      setosa 5.006

## 2: versicolor 5.936

## 3:  virginica 6.588
```

不过我们原始的字符串是已经排好的，因此没有看出任何区别来。

6.2.9 连接（merge）

目前我们已经知道连接的基本方法了，在 data.table 中使用连接，依然可以使用基本包的 merge

函数。尽管官方网站提供了其他的实现方法，但其方法的可读性远远不及使用 merge 函数清晰。不过，data.table 的 merge 函数与基本包有所区别，也就是说对 data.table 格式的数据进行连接时，后台的运作其实是不一样的。在 data.table 中使用连接有以下特点。

（1）如果两个表格都设置了主键，那么会优先基于主键进行连接；如果没有的话，跳到下一步。

（2）如果只有第一个表格设置了主键，那么会优先基于第一个表格的主键进行连接；如果没有设置，跳到下一步。

（3）基于两个表格拥有的共同列名称，对这些列进行连接。

如果有特殊的连接设置，请直接使用 by.x 和 by.y 对两个表格需要连接的列进行设置。那么会直接跳过上面 3 个步骤进行个性化连接。

下面我们沿用在基本包中使用的例子，构建数据集。首先构建顾客交易数据表：

```
df1 = data.table(CustomerId = c(1:6), Product = c(rep("Oven", 3), rep("Tele-
vision", 3)))

df1
```

```
##    CustomerId    Product
## 1:          1       Oven
## 2:          2       Oven
## 3:          3       Oven
## 4:          4 Television
## 5:          5 Television
## 6:          6 Television
```

再构建顾客地址数据表：

```
df2 = data.table(CustomerId = c(2, 4, 6), State = c(rep("California", 2),
rep("Texas", 1)))

df2
```

```
##    CustomerId        State
## 1:          2 California
```

```
## 2:          4 California
## 3:          6    Texas
```

下面进行内连接：

```
df <- merge(x=df1,y=df2,by="CustomerId")

df
```

```
##    CustomerId    Product      State
## 1:          2       Oven California
## 2:          4 Television California
## 3:          6 Television      Texas
```

这里建议大家尽量设置 by 参数，这样能够显示是根据哪一个列进行合并的，而不是总猜测后台的机制。左连接可以通过设置 all.x = T 来实现：

```
df<-merge(x=df1,y=df2,by="CustomerId",all.x=T)

df
```

```
##    CustomerId    Product      State
## 1:          1       Oven       <NA>
## 2:          2       Oven California
## 3:          3       Oven       <NA>
## 4:          4 Television California
## 5:          5 Television       <NA>
## 6:          6 Television      Texas
```

右连接则可以通过设置 all.y=T 来实现：

```
df<-merge(x=df1,y=df2,by="CustomerId",all.y=T)

df
```

```
##    CustomerId    Product      State

## 1:          2      Oven California

## 2:          4 Television California

## 3:          6 Television      Texas
```

如果要实现全连接，则设置 all=T：

```
df<-merge(x=df1,y=df2,by="CustomerId",all=T)

df
```

```
##    CustomerId    Product      State

## 1:          1      Oven       <NA>

## 2:          2      Oven California

## 3:          3      Oven       <NA>

## 4:          4 Television California

## 5:          5 Television       <NA>

## 6:          6 Television      Texas
```

如果需要连接的列在两个表格中的列名称不一致，就要使用 by.x 和 by.y 来设置两个表格中用来连接的列。下面举例说明，首先构造两个表格：

```
copy(iris.dt)[1:3,1:3,][,id := 1:3,][] -> dt1

copy(iris.dt)[1:3,3:5,][,id := 1:3,][] -> dt2
```

上面的代码使用了连锁管道操作（[][]），其实就是得到的 data.table 继续用 [i,j,by] 来进行操作。我们首先用 copy 得到 iris.dt 的一份副本，提取表格第 1 ~ 3 行。然后对两个表格分别提取第 1 ~ 3 列和第 3 ~ 5 列，给它们加上 id 标号。最后加上 [] 把它们取出来（这就是 := 带来的副作用，它直接在原来的地方修改，但是原来的地方我们又没有采用变量来引用，所以我们是无法找到的，因此 [] 是必不可少的）。下面我们看看两个表格的内容：

```
dt1
```

```
##    Sepal.Length Sepal.Width Petal.Length id
```

```
## 1:           5.1         3.5         1.4  1

## 2:           4.9         3.0         1.4  2

## 3:           4.7         3.2         1.3  3


dt2


##    Petal.Length Petal.Width Species id

## 1:          1.4         0.2  setosa  1

## 2:          1.4         0.2  setosa  2

## 3:          1.3         0.2  setosa  3
```

可以看到，两个表格中都有 Petal.Length 和 id 两列，我们把第二个表格 dt2 的这两列重新命名为 "a" 和 "b"：

```
setnames(dt2,"Petal.Length","a") #把原来的 Petal.Width 列命名为 a

setnames(dt2,"id","b")           #把原来的 id 列命名为 b

dt2


##      a Petal.Width Species b

## 1: 1.4         0.2  setosa 1

## 2: 1.4         0.2  setosa 2

## 3: 1.3         0.2  setosa 3
```

现在使用内连接来合并 dt1 和 dt2：

```
merge(dt1,dt2,by.x = c("Petal.Length","id"),by.y = c("a","b")) -> dt

dt


##    Petal.Length id Sepal.Length Sepal.Width Petal.Width Species

## 1:          1.3  3          4.7         3.2         0.2  setosa
```

```
## 2:            1.4  1         5.1        3.5        0.2  setosa

## 3:            1.4  2         4.9        3.0        0.2  setosa
```

连接成功。只要 "by.x" 和 "by.y" 中的变量能一一对应，就能完成基于不同列名称的连接。

6.3 高级特性探索

除了基本操作的实现以外，data.table 包还提供了很多高级的特性，这使该包在内存管理和高速检索等任务中具有明显的优势。尽管高级特性带来了更多的便捷，但是这也要求使用者对这些特性具有更加深入的理解。下面让我们来对这些特性进行探讨。

6.3.1 原位更新（set*/:=）

在 data.table 包中，set* 家族（即以 set 开头的 data.table 函数）和 := 可以对数据框进行原位修改，不需要额外进行赋值。下面举个例子，还是用 iris 数据集，但是我们把它先赋值给 iris2 变量：

```
library(data.table)

iris -> iris2
```

现在要把 iris2 的表格转化为 data.table 格式，正常来说，我们要这么做：

```
class(iris2)
```

```
## [1] "data.frame"
```

```
as.data.table(iris2) -> iris.dt

class(iris.dt)
```

```
## [1] "data.table" "data.frame"
```

这样我们就能把 data.frame 格式的 iris2 转化为 data.table 格式，并赋值给 iris.dt。我们还可以直接使用 setDT 函数，这时就不需要额外进行赋值了：

```
class(iris2)
```

```
## [1] "data.frame"
```

```
setDT(iris2)

class(iris2)
```

```
## [1] "data.table" "data.frame"
```

此时我们发现，iris2 本身已经转化为一个 data.table。 := 是一种赋值的符号，它的特点是能在原始的表格中进行赋值，不需要赋值给新的变量。下面我们以刚刚创建的 iris.dt 为例子，给第 1 ~ 3 行增加一列常数列，所有数值均为 0，赋值给 zero：

```
iris.dt[1:3,zero := 0,]

iris.dt
```

##		Sepal.Length	Sepal.Width	Petal.Length	Petal.Width	Species	zero
##	1:	5.1	3.5	1.4	0.2	setosa	0
##	2:	4.9	3.0	1.4	0.2	setosa	0
##	3:	4.7	3.2	1.3	0.2	setosa	0
##	4:	4.6	3.1	1.5	0.2	setosa	NA
##	5:	5.0	3.6	1.4	0.2	setosa	NA
##	---						
##	146:	6.7	3.0	5.2	2.3	virginica	NA
##	147:	6.3	2.5	5.0	1.9	virginica	NA
##	148:	6.5	3.0	5.2	2.0	virginica	NA
##	149:	6.2	3.4	5.4	2.3	virginica	NA
##	150:	5.9	3.0	5.1	1.8	virginica	NA

如果想要通过一步操作就看到结果，可以这样操作：

```
iris.dt[1:3,zero := 0,][]
```

##		Sepal.Length	Sepal.Width	Petal.Length	Petal.Width	Species	zero
##	1:	5.1	3.5	1.4	0.2	setosa	0
##	2:	4.9	3.0	1.4	0.2	setosa	0
##	3:	4.7	3.2	1.3	0.2	setosa	0
##	4:	4.6	3.1	1.5	0.2	setosa	NA
##	5:	5.0	3.6	1.4	0.2	setosa	NA
##	---						
##	146:	6.7	3.0	5.2	2.3	virginica	NA
##	147:	6.3	2.5	5.0	1.9	virginica	NA
##	148:	6.5	3.0	5.2	2.0	virginica	NA
##	149:	6.2	3.4	5.4	2.3	virginica	NA
##	150:	5.9	3.0	5.1	1.8	virginica	NA

除了前 3 行外，其他 zero 的值都是 NA。:= 的用法有以下特点。

- 它只是用于更新列，没有任何的返回值（需要返回值时，需要多加一个 []）。
- 可以指定条件进行更新。
- 更新后不需要赋值，原始表格将发生永久性的改变。

我们可以给 zero 列赋值为 NULL（空值），从而删除这一列：

```
iris.dt[,zero := NULL,]
```

如果不希望改变原来的表格，就需要先把变量存在其他地方，或者使用 copy 函数。其实，为了不改变原始的 iris 表格，才在最开始就把 iris 赋值给 iris2。下面演示 copy 函数的用法，先观察 iris2 的第 1 ~ 3 行：

```
iris2[1:3]
```

##		Sepal.Length	Sepal.Width	Petal.Length	Petal.Width	Species
##	1:	5.1	3.5	1.4	0.2	setosa
##	2:	4.9	3.0	1.4	0.2	setosa

```
## 3:              4.7          3.2          1.3          0.2 setosa
```

对 iris2 表格进行复制，然后增加一列 zero 的常数列，数值都是 0，最后取它的第 1 ～ 3 行进行观察：

```
copy(iris2)[,zero := 0,][1:3]
```

```
##    Sepal.Length Sepal.Width Petal.Length Petal.Width Species zero
## 1:          5.1         3.5          1.4         0.2 setosa    0
## 2:          4.9         3.0          1.4         0.2 setosa    0
## 3:          4.7         3.2          1.3         0.2 setosa    0
```

尽管 := 总是在原位进行更新，但是我们是对 iris2 的副本进行更新，iris2 本身没有发生改变。再看 iris2 的前 3 行：

```
iris2[1:3]
```

```
##    Sepal.Length Sepal.Width Petal.Length Petal.Width Species
## 1:          5.1         3.5          1.4         0.2 setosa
## 2:          4.9         3.0          1.4         0.2 setosa
## 3:          4.7         3.2          1.3         0.2 setosa
```

还是没有 zero 这一列，因此可以看到使用 copy 函数可以在不改变原始表格的条件下构造新的 data.table。

6.3.2　高速过滤（DT[*filter_condition*,j,by,*on* = .(*x*)]）

为什么 data.table 的效率如此之快？一部分原因是它利用了二分法进行搜索。也就是说，它能够通过设置主键，先对这个变量进行排序；然后根据排序的结果，使用二分法进行快速检索。例如，我们要在向量 *c*(3,2,5,9,11,20,15) 中找到 15，如果使用正常的条件判断，肯定要最后才能找到 15。但是如果使用二分法，首先把向量排序为 *c*(2,3,5,9,11,15,20)，然后用 15 与中位数 9 进行比较，9 比 15 低了；然后在大于 9 的 *c*(11,15,20) 中找到中位数 15，这样就直接找到了。原始方法寻找 15 用了 7 步，而二分法只用了 2 步。这就是为什么在 data.table 中使用 on 参数能够完成快速检索的原因。例如，我们有一个任务，需要检索 iris 数据集中 Sepal.Length 等于 4.9 的记录。我们先用原始的方法来尝试：

```
library(data.table)
```

```
as.data.table(iris) -> iris.dt
```

```
iris.dt[Sepal.Length == 4.9,,]
```

```
##     Sepal.Length Sepal.Width Petal.Length Petal.Width    Species
## 1:          4.9         3.0          1.4         0.2     setosa
## 2:          4.9         3.1          1.5         0.1     setosa
## 3:          4.9         3.1          1.5         0.2     setosa
## 4:          4.9         3.6          1.4         0.1     setosa
## 5:          4.9         2.4          3.3         1.0 versicolor
## 6:          4.9         2.5          4.5         1.7  virginica
```

由于 == 已经内置优化了，因此这个步骤非常快，它等价于 iris.dt[.(4.9), on = .(Sepal.Length)]。如果想要得到 Sepal.Length 等于 4.9 的记录，且 Sepal.Width 等于 3.1 的记录，可以这样操作：

```
iris.dt[.(4.9,3.1),on = .(Sepal.Length,Sepal.Width)]
```

```
##     Sepal.Length Sepal.Width Petal.Length Petal.Width Species
## 1:          4.9         3.1          1.5         0.1  setosa
## 2:          4.9         3.1          1.5         0.2  setosa
```

on 参数中的 .() 中还可以继续添加更多的列变量，从而进行多重的筛选。不过目前支持的快速筛选只支持 == 和 %in% 两种操作，在未来的版本中可能会支持更多的过滤函数。从上面的结果可以知道，setosa 物种中 Sepal.Length 等于 4.9 的记录有很多，如果只想要首次出现的记录，可以设置 mult = "first"：

```
# 获得 Setosa 物种中首次出现的 Sepal.Length 等于 4.9 的记录
iris.dt[.(4.9,"setosa"),on = .(Sepal.Length,Species),mult = "first"]
```

```
##     Sepal.Length Sepal.Width Petal.Length Petal.Width Species
## 1:          4.9           3          1.4         0.2  setosa
```

如果只想要最后出现的记录，则可以设置 mult＝"last"：

```
iris.dt[.(4.9,"setosa"),on = .(Sepal.Length,Species),mult = "last"]
```

```
##     Sepal.Length Sepal.Width Petal.Length Petal.Width Species
## 1:           4.9         3.6          1.4         0.1 setosa
```

此外，如果筛选发现没有匹配的记录，会返回 NA 值：

```
iris.dt["lalala",on = .(Species)]
```

```
##     Sepal.Length Sepal.Width Petal.Length Petal.Width Species
## 1:            NA          NA           NA          NA lalala
```

如果不希望返回 NA 值，而是希望直接返回空值，可设置 nomatch 参数等于 0：

```
iris.dt["lalala",on = .(Species),nomatch = 0]
```

```
## Empty data.table (0 rows) of 5 cols: Sepal.Length,Sepal.Width,Petal.
Length,Petal.Width,Species
```

6.3.3　长宽数据转换（melt/dcast）

其实 melt 和 dcast 两个函数首次出现在 reshape2 包中，这个包最主要的功能就是完成长宽数据转换。但是在 data.table 包中，对这两个函数进行了优化。因此尽量避免在使用 data.table 包的时候又加载 reshape2 包，否则很可能造成歧义（也就是在使用这两个函数的时候，我们不知道究竟用的是 reshape2 的还是 data.table 的）。data.table 对 reshape2 的 melt 函数与 dcast 函数的功能升级，主要是针对多个转换同时进行的简化。在介绍这个特性之前，先来介绍单个转换的完成。首先构造一个示例数据集：

```
s2 <- "family_id age_mother dob_child1 dob_child2 dob_child3 gender_child1
gender_child2 gender_child3

1        30 1998-11-26 2000-01-29         NA         1          2         NA

2        27 1996-06-22         NA         NA         2         NA         NA

3        26 2002-07-11 2004-04-05 2007-09-02         2          2          1
```

```
4          32 2004-10-10 2009-08-27 2012-07-21           1           1           1
5          29 2000-12-05 2005-02-28         NA           2           1          NA"
DT <- fread(s2)
DT
```

```
##     family_id age_mother dob_child1 dob_child2 dob_child3 gender_child1
## 1:          1         30 1998-11-26 2000-01-29       <NA>             1
## 2:          2         27 1996-06-22       <NA>       <NA>             2
## 3:          3         26 2002-07-11 2004-04-05 2007-09-02             2
## 4:          4         32 2004-10-10 2009-08-27 2012-07-21             1
## 5:          5         29 2000-12-05 2005-02-28       <NA>             2
##     gender_child2 gender_child3
## 1:             2            NA
## 2:            NA            NA
## 3:             2             1
## 4:             1             1
## 5:             1            NA
```

这个数据集包含家庭编号（family_id）、母亲的年龄（age_mother）和家庭中每个孩子出生的日期和性别。dob 是 date of birth 的缩写；而 gender 代表性别，其中 1 为女性，2 为男性。这个数据集来自于官方的介绍案例，链接为 https://cloud.r-project.org/web/packages/data.table/vignettes/datatable-reshape.html。这显然是一个宽数据，我们首先尝试把孩子的出生日期进行宽转长的变化：

```
# 构造要转化的列变量名称的向量

colA = paste("dob_child", 1:3, sep = "")


# 宽数据转化为长数据，只把 dob_child1/dob_child2/dob_child3 进行了转化

DT.m = melt(DT, measure = list(colA), value.name = c("dob"))
```

```
DT.m
```

	family_id	age_mother	gender_child1	gender_child2	gender_child3
## 1:	1	30	1	2	NA
## 2:	2	27	2	NA	NA
## 3:	3	26	2	2	1
## 4:	4	32	1	1	1
## 5:	5	29	2	1	NA
## 6:	1	30	1	2	NA
## 7:	2	27	2	NA	NA
## 8:	3	26	2	2	1
## 9:	4	32	1	1	1
## 10:	5	29	2	1	NA
## 11:	1	30	1	2	NA
## 12:	2	27	2	NA	NA
## 13:	3	26	2	2	1
## 14:	4	32	1	1	1
## 15:	5	29	2	1	NA

	variable	dob
## 1:	dob_child1	1998-11-26
## 2:	dob_child1	1996-06-22
## 3:	dob_child1	2002-07-11
## 4:	dob_child1	2004-10-10
## 5:	dob_child1	2000-12-05
## 6:	dob_child2	2000-01-29

```
##  7: dob_child2          <NA>

##  8: dob_child2 2004-04-05

##  9: dob_child2 2009-08-27

## 10: dob_child2 2005-02-28

## 11: dob_child3          <NA>

## 12: dob_child3          <NA>

## 13: dob_child3 2007-09-02

## 14: dob_child3 2012-07-21

## 15: dob_child3          <NA>
```

我们知道，measure 可以接收一个列表，每一项是一个转换，只放一个也是没有问题的。measure 是我们要聚合的列，聚合的变量名可以用 variable.name 来定义（否则会使用默认的 "variable" 作为变量名称）。聚合后的值的列名称可以用 value.name 进行设置，否则会默认使用 "value" 作为列名（本例中使用了 "dob" 作为列名）。 如果要把这个长数据还原，可以使用 dcast 函数，代码如下：

```
DT.c = dcast(DT.m, ...~ variable, value.var = c("dob"))

DT.c
```

```
##    family_id age_mother gender_child1 gender_child2 gender_child3

## 1:         1         30             1             2            NA

## 2:         2         27             2            NA            NA

## 3:         3         26             2             2             1

## 4:         4         32             1             1             1

## 5:         5         29             2             1            NA

##    dob_child1 dob_child2 dob_child3

## 1: 1998-11-26 2000-01-29       <NA>

## 2: 1996-06-22       <NA>       <NA>
```

```
## 3: 2002-07-11 2004-04-05 2007-09-02

## 4: 2004-10-10 2009-08-27 2012-07-21

## 5: 2000-12-05 2005-02-28           <NA>
```

这里要还原的列为 variable，而值放在 dob 列中，其他变量则都用 ... 来表示。我们看到这个函数的第二个参数必须要用方程式来表示。下面我们同时进行两个转换（dob 和 gender），前面已经了解了单个转换如何进行，多个转换只要在后面加一个变量即可：

```
colA = paste0("dob_child", 1:3)

colB = paste0("gender_child", 1:3)

DT.m2 = melt(DT, measure = list(colA, colB), value.name = c("dob", "gender"))

DT.m2
```

##	family_id	age_mother	variable	dob	gender
## 1:	1	30	1	1998-11-26	1
## 2:	2	27	1	1996-06-22	2
## 3:	3	26	1	2002-07-11	2
## 4:	4	32	1	2004-10-10	1
## 5:	5	29	1	2000-12-05	2
## 6:	1	30	2	2000-01-29	2
## 7:	2	27	2	<NA>	NA
## 8:	3	26	2	2004-04-05	2
## 9:	4	32	2	2009-08-27	1
## 10:	5	29	2	2005-02-28	1
## 11:	1	30	3	<NA>	NA
## 12:	2	27	3	<NA>	NA
## 13:	3	26	3	2007-09-02	1
## 14:	4	32	3	2012-07-21	1

```
## 15:              5          29          3          <NA>      NA
```

它的逆运算也非常简便：

```
DT.c2 = dcast(DT.m2, family_id + age_mother ~ variable, value.var = c("dob",
"gender"))

DT.c2
```

##	family_id	age_mother	dob_1	dob_2	dob_3	gender_1	gender_2
## 1:	1	30	1998-11-26	2000-01-29	<NA>	1	2
## 2:	2	27	1996-06-22	<NA>	<NA>	2	NA
## 3:	3	26	2002-07-11	2004-04-05	2007-09-02	2	2
## 4:	4	32	2004-10-10	2009-08-27	2012-07-21	1	1
## 5:	5	29	2000-12-05	2005-02-28	<NA>	2	1

```
##    gender_3
## 1:      NA
## 2:      NA
## 3:       1
## 4:       1
## 5:      NA
```

这样做的问题是程序中总是需要构造变量名称，然后放在 colA 和 colB 中，不是特别方便。我们可以用 patterns 函数来识别列名称的模式，从而简化这个工作：

```
DT.m2 = melt(DT, measure = patterns("^dob", "^gender"), value.name = c("dob",
"gender"))

DT.m2
```

##	family_id	age_mother	variable	dob	gender
## 1:	1	30	1	1998-11-26	1

##	2:	2	27	1 1996-06-22	2
##	3:	3	26	1 2002-07-11	2
##	4:	4	32	1 2004-10-10	1
##	5:	5	29	1 2000-12-05	2
##	6:	1	30	2 2000-01-29	2
##	7:	2	27	2 <NA>	NA
##	8:	3	26	2 2004-04-05	2
##	9:	4	32	2 2009-08-27	1
##	10:	5	29	2 2005-02-28	1
##	11:	1	30	3 <NA>	NA
##	12:	2	27	3 <NA>	NA
##	13:	3	26	3 2007-09-02	1
##	14:	4	32	3 2012-07-21	1
##	15:	5	29	3 <NA>	NA

这样就把以“dob”开头和“gender”开头的变量分为两组，作为需要进行格式转换的列。

第 7 章

sparklyr: 分布式数据处理

当数据量大到一定的程度时，一台计算机已经容纳不了，就需要用多台计算机来存储这些数据。但是当我们使用数据时，又需要同时访问多台计算机上存储的全部数据。为了解决这个问题，分布式计算应运而生。本章将会介绍如何利用 R 语言的 sparklyr 包进行分布式的数据处理。

7.1 连接 R 与 Spark：sparklyr 包简介

R 语言最初是为统计和可视化而设计的，受到统计学家的青睐。同时 R 语言也吸引了来自各行各业的专家，他们结合自己的业务场景，开发并使用 R 语言提供的工具包，从而为数据分析提供了极大的便利。tidyverse 生态系统则让 R 成为数据科学全面型工具包，它不仅在使用上极其便捷，而且在设计上能够给使用者带来美的感受，这是一般程序语言难以做到的。从管道操作拆解复杂步骤，到可视化、报表的精妙设计，tidyverse 给我们展示了如何优雅地完成数据科学探索。在 RStudio 刻画的数据科学流程中（图 7-1），包含了数据源的导入、整理、转化、可视化、建模和交流。也就是说，数据科学家几乎可以在 R 中完成他们需要的所有功能。在学习了 tidyverse 生态系统的一部分功能之后，用户可以非常容易地学习 tidyverse 的其他功能包，因为在同一生态系统内的功能包具有相似的设计理念。如果说以前大家学习不同的包只能实现"1+1=2"，那么学习 tidyverse 的包就能够达到"1+1>2"的效果。

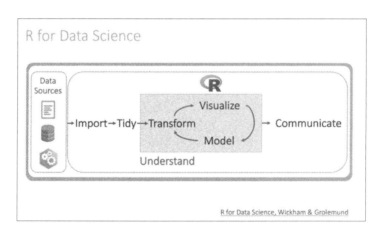

图 7-1　tidyverse 数据科学流程图

　　尽管如此，我们必须认识到，R 语言始终都是在内存中运行的。也就是说，它能够解决问题的规模会受到内存大小的限制。对于很多科学研究场景来说，8GB 的内存（这里指的是 RAM，即随机存取储存器）已经够用了。如果需要涉及图像数据（如遥感影像），那么有时候需要 16GB，甚至 32GB 内存。这个时候其实可以考虑使用数据流式处理策略，也就是把数据块分解为最小可解决的单位，然后把小块分析的结果合并起来，完成大的任务。流式处理其实都可以化作并行的问题进行解决，只是当没有足够的计算资源的时候，不得不用时间来换空间，所以会采用流式处理策略。另一种解决方案是通过采样解决。并不是所有问题都必须寻求大数据的解决方案，如果能够选取高质量的、具有代表性的样本，同样能够建立优质的模型，从而解决问题。

　　但是当数据本身就是分布式存储的，而且数据量极其庞大时，我们就必须引入分布式计算了。幸运的是，作为 tidyverse 的一个分支，sparklyr 能够通过控制 Spark 计算引擎，从而对存在分布式设备上的数据进行高性能调度和运算（图 7-2）。在 sparklyr 的设计中，R 环境仅仅用于对数据进行处理和对结果的展示，而不会直接对数据进行处理和运算。也就是说，当我们使用 sparklyr 的函数时，这些语句会 "翻译" 为 Spark 可以理解的语言，然后对分布式存储的数据进行操作。根据惰性运算规则，这些操作只会在最终我们需要看到结果的时候得到执行。执行结果可以收集到 R 环境中，从而进行进一步的加工，以便于后期的可视化与交流（图 7-3）。这样一来，只要拥有访问权限，我们就可以在任意一个计算节点通过命令行来调度分布式存储的数据，然后把结果汇总到自己的本地中，生成符合业务需求的专题报告。

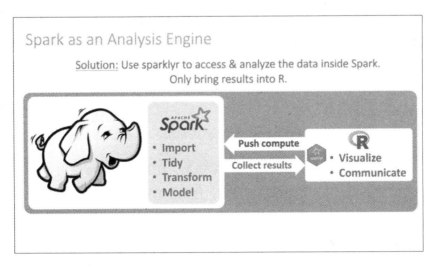

图 7-2　sparklyr 工作原理示意图

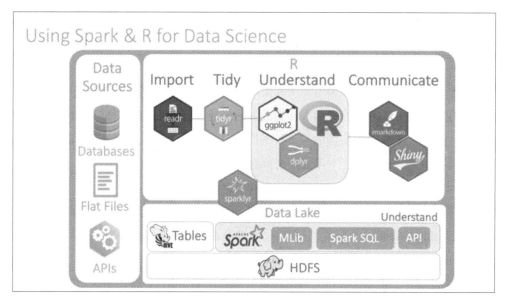

图 7-3　R 与 Spark 协同助力数据科学流程

能够完成 R 与 Spark 连接的包，还有 SparkR 包，如果用户偏爱基本包的编程风格，也可以学习这个包（官网：https://spark.apache.org/docs/latest/sparkr.html）。它的操作原理与 sparklyr 是一样的，但是语法结构有所不同。此外，这些包都是在迅速开发之中，笔者在编写本章节时，sparklyr 正处于 0.9.1 版本。因此，这里不会对细节进行深入讲解，感兴趣的读者可以参阅官方文档（https://spark.rstudio.com/）。下面我们会介绍 sparklyr 包中基本的数据处理方法，以及一些运行机制和特性，从而启发大家进行更深入的探索。如果读者平时对分布式计算接触较少，不需要进行大规模数据处理和运算的话，也可以直接跳过这部分内容。

7.2　基本操作指南

如果读者已经对如何使用 R 连接数据库非常熟悉，而且能够灵活使用 dplyr 包，那么上手 sparklyr 进行分布式数据调度和计算是极其容易的。这就是学习 tidyverse 生态系统的好处，掌握了它的设计理念就可以对整个体系的包有整体的把握，快速上手其他包。下面我们将会从零开始介绍如何在 R 中使用 sparklyr 包进行基本的操作。

1. 环境设置（spark_install）

一般来说，用到 Spark 架构的都是大型的企业或院校，他们的数据已经是分布式存储的。我们的案例会在本地上进行搭建，让读者在只有一个笔记本电脑的情况下就能够直接运行代码，从而学习基本操作。这些代码在大型的集群中同样适用。首先，需要安装、加载相应的软件包：

```
library(pacman)
```

```
p_load(tidyverse,sparklyr)
```

　　第一次使用时，如果本地还没有安装 Spark，可以在 R 中直接进行安装。这个过程可能需要很长时间，需要耐心等待：

```
spark_install()
```

　　此外，我们需要保证计算机已经安装了 Java。如果还没有下载、安装，可以先去官网参照官方文档进行下载（https://www.java.com/en/）。

2. 连接集群（spark_connect）

　　正如我们要把 R 与数据库进行连接的时候，需要使用 DBI::dbConnect 函数一样，这里我们要连接 Spark 集群，需要使用 spark_connect 函数：

```
sc <- spark_connect(master="local")
```

　　这里我们把 master 参数设置为"local"，因为我们是在本地进行操作。如果需要连接到已经搭建好的集群中，可以参照官网的指南（https://spark.rstudio.com/deployment/）。

3. 数据导入（copy_to）

　　本例中，我们会使用航班数据进行分析。使用这个数据，需要载入 nycflights13 这个包，从而直接调用它带的 flights 和 airlines 数据框。这两个表中分别包含了从纽约出发的航班飞行数据和航空公司简称、全称的对照表。下面我们使用 dplyr 包的 copy_to 函数把存储在 R 中的数据导入集群中：

```
p_load(nycflights13)


flights <- copy_to(sc, flights, "flights")
airlines <- copy_to(sc, airlines, "airlines")


src_tbls(sc)


## [1] "airlines" "flights"
```

　　通过 src_tbls 函数，可以查看导入 Spark 集群中的数据表格。根据结果我们知道，已经成功地把 airlines 和 flights 两个表格导入名为 sc 的 Spark 集群中。

4. 利用 dplyr 完成数据调度

　　在 sparklyr 中，我们可以使用 dplyr 学到的数据调度函数，从而大大简化我们的工作。这些

dplyr 的命令会被转换为 Spark SQL 语句，然后对存储在 Spark 中的数据进行 ETL 转换操作。我们会参考官网中的例子（https://spark.rstudio.com/dplyr/），对数据集做一些基本的操作。因为操作在之前的内容中已经介绍过了，因此这里不再详细说明。还没能熟练运用 dplyr 的读者，可以回到前面的章节进行温习。已经熟悉 dplyr 的读者，可以通过下面的例子进行温习。 选择年、月、日和延迟时间（包括起飞和降落的延迟时间）：

```
flights %>%

  select(year,month,day,dep_delay,arr_delay) %>%

  head(n = 3)   #控制只输出前 3 行，其余结果省略不显示，以节省篇幅


## # Source: spark<?> [?? x 5]

##    year month   day dep_delay arr_delay

## * <int> <int> <int>     <dbl>     <dbl>

## 1  2013     1     1         2        11

## 2  2013     1     1         4        20

## 3  2013     1     1         2        33
```

筛选延迟起飞时间大于 1000 分钟的记录：

```
flights %>%

  filter(dep_delay > 1000)


## # Source: spark<?> [?? x 19]

##    year month   day dep_time sched_dep_time dep_delay arr_time

## * <int> <int> <int>    <int>          <int>     <dbl>    <int>

## 1  2013     1     9      641            900      1301     1242

## 2  2013     1    10     1121           1635      1126     1239

## 3  2013     6    15     1432           1935      1137     1607

## 4  2013     7    22      845           1600      1005     1044
```

```
## 5   2013      9    20      1139                1845        1014        1457
## # ... with 12 more variables: sched_arr_time <int>, arr_delay <dbl>,
## #   carrier <chr>, flight <int>, tailnum <chr>, origin <chr>, dest <chr>,
## #   air_time <dbl>, distance <dbl>, hour <dbl>, minute <dbl>,
## #   time_hour <dttm>
```

对延迟起飞的时间记录进行降序排列，只显示前 3 条记录：

```
flights %>%
  arrange(desc(dep_delay)) %>%
  head(n=3)
```

```
## # Source:       spark<?> [?? x 19]
## # Ordered by: desc(dep_delay)
##    year month   day dep_time sched_dep_time dep_delay arr_time
## * <int> <int> <int>    <int>          <int>     <dbl>    <int>
## 1  2013     1     9      641            900      1301     1242
## 2  2013     6    15     1432           1935      1137     1607
## 3  2013     1    10     1121           1635      1126     1239
## # ... with 12 more variables: sched_arr_time <int>, arr_delay <dbl>,
## #   carrier <chr>, flight <int>, tailnum <chr>, origin <chr>, dest <chr>,
## #   air_time <dbl>, distance <dbl>, hour <dbl>, minute <dbl>,
## #   time_hour <dttm>
```

求航班平均延迟时间。注意，如果使用 mean 函数求平均值，没有注明 na.rm = T，那么在 dplyr 语句转换为 SQL 语句的时候，会自动忽略缺失值。这时候会跳出警告，但是程序会正常运行：

```
flights %>%
  summarise(mean_dep_delay = mean(dep_delay, na.rm = T))
```

```
## # Source: spark<?> [?? x 1]

##    mean_dep_delay

## *          <dbl>

## 1          12.6
```

求每条记录中飞机的时速，只显示前 3 条记录：

```
flights %>%

  mutate(speed = distance / air_time * 60) %>%

  select(speed,everything()) %>%

  head(n = 3)
```

```
## # Source: spark<?> [?? x 20]

##    speed  year month   day dep_time sched_dep_time dep_delay arr_time

## * <dbl> <int> <int> <int>    <int>          <int>     <dbl>    <int>

## 1  370.  2013     1     1      517            515         2      830

## 2  374.  2013     1     1      533            529         4      850

## 3  408.  2013     1     1      542            540         2      923

## # ... with 12 more variables: sched_arr_time <int>, arr_delay <dbl>,

## #   carrier <chr>, flight <int>, tailnum <chr>, origin <chr>, dest <chr>,

## #   air_time <dbl>, distance <dbl>, hour <dbl>, minute <dbl>,

## #   time_hour <dttm>
```

上面使用 select 函数，把我们关心的 speed 变量放到第一列，其他内容放在后面。其他内容可以用 everything 函数进行引用。因为所有函数与 dplyr 基本相同，这里不再赘述其他功能。读者可以参照官网的例子，进行更多的操作（如分组、连接等）。

7.3　存储机制简介

因为 sparklyr 其实是通过把 dplyr 转换为 SQL 进行操作的，所以所有在 dplyr 包中实现的功能都能够直接 "翻译" 为 SQL。如果需要与 SQL 的用户进行交流，可以使用 dbplyr 包的 sql_render 函数，查看相应的 SQL 语句。这里需要提到 sparklyr 的一个特性，也是 Spark 的特性——惰性运算。在不需要展示结果的时候，计算机是不会对我们写的代码进行运算的。只有我们最后要看到结果的时候，才会一次性全部运行。下面举个例子，例如，我们要把 flights 和 airlines 两个表连接起来，然后赋值给 fl_air:

```
flights %>%

  left_join(airlines,by = "carrier") -> fl_air
```

这时候，fl_air 所存储的不是这个表格本身，而是如何申请访问我们要得到的连接表格的逻辑语句。下面我们用 dbplyr 包的 sql_render 函数来查看这些语句:

```
p_load(dbplyr)

fl_air %>%

  sql_render()


## <SQL> SELECT `TBL_LEFT`.`year` AS `year`, `TBL_LEFT`.`month` AS `month`,
`TBL_LEFT`.`day` AS `day`, `TBL_LEFT`.`dep_time` AS `dep_time`, `TBL_
LEFT`.`sched_dep_time` AS `sched_dep_time`, `TBL_LEFT`.`dep_delay` AS `dep_
delay`, `TBL_LEFT`.`arr_time` AS `arr_time`, `TBL_LEFT`.`sched_arr_time` AS
`sched_arr_time`, `TBL_LEFT`.`arr_delay` AS `arr_delay`, `TBL_LEFT`.`carrier`
AS `carrier`, `TBL_LEFT`.`flight` AS `flight`, `TBL_LEFT`.`tailnum` AS `tail-
num`, `TBL_LEFT`.`origin` AS `origin`, `TBL_LEFT`.`dest` AS `dest`, `TBL_
LEFT`.`air_time` AS `air_time`, `TBL_LEFT`.`distance` AS `distance`, `TBL_
LEFT`.`hour` AS `hour`, `TBL_LEFT`.`minute` AS `minute`, `TBL_LEFT`.`time_
hour` AS `time_hour`, `TBL_RIGHT`.`name` AS `name`

##   FROM `flights` AS `TBL_LEFT`

##   LEFT JOIN `airlines` AS `TBL_RIGHT`

##   ON (`TBL_LEFT`.`carrier` = `TBL_RIGHT`.`carrier`)
```

如果需要看到结果，可以直接输入变量，这时候计算机就会完成计算，让结果表格显示出来：

```
fl_air
```

但是，Spark 集群中依旧不会存在这个表格，它始终只是一个查询语句而已。如果需要把这个结果作为表格放到集群中，需要用到之前提到的 copy_to 函数：

```
copy_to(sc,fl_air,overwrite = T) -> sc_fl_air
```

注意，我们这里设置了参数 overwrite = T，尽管不是必需的，但是有必要解释一下它的功能。一般而言，是不允许把同名的变量多次放入 Spark 集群中的，如果这样操作会马上报错。但是设置了参数之后，我们就可以用后来的数据表覆盖之前的数据表，从而避免报错。如果不想把这个表格放在 Spark 集群中，而是直接存入 R 环境的内存中，那么可以使用 collect 函数：

```
collect(fl_air) -> r_fl_air
```

那么具体应该怎么应用这些功能呢？首先，需要知道，对保存在 Spark 集群中的数据（也就是存入 sc 中的表格）进行操作时，如果进行复制，得到的结果本质上是数据调度的语句，而不是表格本身。如果要把结果表重新导出 Spark，那么需要使用 copy_to 函数；如果需要把结果表放入 R 中，也就是计算机的内存（也就是缓存）中，使用 collect 函数。如果导出的数据量非常大，还需要分布式存储，那么应该放入 Spark 中；如果得到的结果已经是一个汇总结果，非常小，那么建议放在 R 中。特别是后续需要进行可视化和创建报表时，会用到 R 语言强大的功能包（如 ggplot2），这个时候必须把数据用 collect 导入 R 的环境中。

关于在 sparklyr 中数据的缓存机制，还可以参照官方的文档（https://spark.rstudio.com/guides/caching/）。这个文档中介绍了一些新的函数，如 spark_read_csv、sdf_register 和 tbl_cache。这些函数可以对外部数据进行导入，然后在 Spark 集群中进行"注册"，在需要的时候才利用 tbl_cache 函数导入缓存。同时，文档中也介绍了如何再次把数据通过 collect 函数导出 R 环境，从而使用 ggplot2 包的函数进行可视化分析。如果要灵活地使用 sparklyr 包，就必须更加透彻地理解数据的存储机制，这样才能编写更加高效的代码，使数据调度的工作效率倍增。

7.4 分布式计算

如果我们对 R 和 Spark 连接时的存储机制有所了解，那么就能发现一个规律：其实 R 依然是 R，Spark 依然是 Spark。我们使用 sparklyr 把 R 和 Spark 连接起来，那么 R 用户能够在 R 的环境中，可以不学习 scala 就直接完成大规模数据调度。尽管不需要学习 scala，但是关于 Spark 中的数据存储原理是需要牢记的，只有这样才能高效进行 ETL 工程操作。所以，R 用户可以通过使用

sparklyr 包，完成几乎所有的 Spark 的操作。尽管目前 sparklyr 支持的函数数量有限，但是还是可以利用 invoke 函数，直接调用 scala 语句，对数据进行处理。相关例子可以在 https://spark.rstudio.com/extensions/ 中找到。这样，今后也许有很多 R 用户可以不写 scala 直接高效完成 ETL 工程。但是 sparklyr 的 "野心" 不仅如此，它还开发了能够让 Spark 集群调用 R 语言中函数的程序。也就是说，它不仅能使 R 语言实现 Spark 的操作，还能让 Spark 调用 R 语言的函数，从而完成大规模集成运算。这个功能是通过 spark_apply 函数实现的。下面举一个简单的例子。我们先把 iris 数据集导入集群中：

```
copy_to(sc,iris) -> iris_tbl
```

下面要利用 R 语言的 broom 包，对每个物种进行回归分析，并把回归结果的一些统计参数提取出来，然后放入结果表格中：

```
spark_apply(

  iris_tbl,

  function(e) broom::tidy(lm(Petal_Length ~ Petal_Width, e)),

  names = c("term", "estimate", "std.error", "statistic", "p.value"),

  group_by = "Species")



## # Source: spark<?> [?? x 6]

##   Species    term          estimate std.error statistic  p.value

## * <chr>      <chr>            <dbl>     <dbl>     <dbl>    <dbl>

## 1 versicolor (Intercept)       1.78     0.284      6.28 9.48e- 8

## 2 versicolor Petal_Width       1.87     0.212      8.83 1.27e-11

## 3 virginica  (Intercept)       4.24     0.561      7.56 1.04e- 9

## 4 virginica  Petal_Width      0.647     0.275      2.36 2.25e- 2

## 5 setosa     (Intercept)       1.33    0.0600      22.1 7.68e-27

## 6 setosa     Petal_Width      0.546     0.224      2.44 1.86e- 2
```

这样就在分布式的架构中，实现了以前只能够在内存中完成的高级 R 语言预算。将来，如果

R 语言有更多高级的功能包，就能放到 Spark 集群中进行运算，将会大大丰富 Spark 的计算功能。R 丰富的数据处理功能与 Spark 大规模计算的能力相结合，可以给企业级的数据管理带来极大的便利，实现从前大家无法想象的功能。更加深入的内容，大家可以参考官网 https://spark.rstudio.com/guides/distributed-r/。sparklyr 还在快速的发展中，相信这个工具将来会越来越简单、易用。

第 4 部分
实战应用

第8章

航班飞行数据演练

"纸上得来终觉浅，绝知此事要躬行"。我们已经在前面的内容中明白什么是数据处理，它们都在干什么，也知道如何在 R 语言中利用各种工具来完成这些数据处理，以及它们各自有什么特点。现在，我们要用一些实际的案例进行实战演练，来验证我们的学习成果。目前，dplyr 和 data.table 是 R 语言中解决数据处理任务最高效的软件包，因此希望读者至少能够采用其中的一种软件包来解决我们提出的需求，最好是两种方法都能熟练掌握。我们将会使用航班的飞行数据为例子，然后提出具体的 ETL 需求让大家来完成。我们模拟出这样一个场景：如果你作为数据分析师进入了一个航空公司，现在业务部门需要对航班的情况进行了解，你需要协助各部门，帮助他们获取想要的数据。此外，作为数据分析师本身，也需要对整个数据有一个客观的把握。

8.1 nycflights13 数据集探索

我们不会像以往一样直接给出代码，大家需要根据文字描述，完成各个步骤，最后得到答案。如果你在使用 RStudio，尽量使用 rmarkdown 来完成，它可以生成高质量的报告，详细使用说明可参考官网 https://rmarkdown.rstudio.com/。现在，我们要对 nycflights13 包中的 flights 数据表进行数据探索，下面来讲述我们的需求。

（1）加载 nycflights13 包，并观察带有的 flights 数据表的行列数目。

（2）通过 R 语言自带的帮助文档，加深对 flights 表格中数据的了解。

（3）筛选出在 1 月 1 日出发的航班记录。

（4）按照日期对表格进行升序排列（提示：year,month,day）。

（5）按照航班延迟到达的时间进行降序排列（提示：arr_delay）。

（6）选择年、月、日三列。

（7）选择除了年、月、日以外的所有列。

（8）把表格中名为"tailnum"的列更名为"tail_num"。

（9）增加一个新的列，它的名称为"gain"，它等于 arr_delay 与 dep_delay 之差。

（10）求 dep_delay 这一列的平均值（提示：如果包含缺失值，需要设置 na.rm 参数）。

（11）随机抽取 10 个记录（提示：sample_n）。

（12）随机抽取 1% 的记录（提示：sample_frac）。

（13）首先按照 tailnum 列进行分组，然后求每一组记录的数量、平均距离（distance）、平均延迟到达时间（arr_delay），最后筛选出记录数大于 20 条，距离小于 2000 的记录（提示：如果包含缺失值，需要设置 na.rm 参数）。

（14）首先按照目的地（dest）进行分组，然后求奔赴不同目的地的航班数量，每个组中有多少不同的 tailnum（提示：n_distinct）。

（15）选取表格的第 1 列。

（16）选取表格中列名称以"dep"开头的列。

（17）选取表格中从 year 到 day 之间的所有列。

（18）选取 flights 表格中的 year、month、day、hour、origin、dest、tailnum 和 carrier 列，并将其与 airline 表格完成左连接操作。

（19）选取 flights 表格中的 year、month、day、hour、origin、dest、tailnum 和 carrier 列，并将其与 planes 表格完成左连接操作，需要根据 tailnum 列进行连接。

（20）选取 flights 表格中的 year、month、day、hour、origin、dest、tailnum 和 carrier 列，并将其与 airports 表格完成左连接操作，需要把左表的 dest 列与右表的 faa 列进行连接。

参考答案与解析

　　下面我们给出上面的答案，并在必要的时候予以解释。为了节省篇幅，不会展示代码最后给出的结果。我们会分别使用 dplyr 和 data.table 来写这些代码，但是这只作为参考。相信通过反复地阅读和实践，读者会写出更加完美的代码。此外，本例参考了官网的入门介绍（https://cran.r-project.org/web/packages/dplyr/vignettes/dplyr.html），读者可以登录官网辅助学习。

dplyr 解决方案

　　（1）加载 nycflights13 包，并观察带有的 flights 数据表的行列数目：

```
library(pacman)

p_load(nycflights13,dplyr)
```

　　（2）通过 R 语言自带的帮助文档，加深对 flights 表格中数据的了解：

```
?flights
```

（3）筛选出在 1 月 1 日出发的航班记录：

```
flights %>%
  filter(month == 1,day == 1)
```

（4）按照日期对表格进行升序排列（提示：year,month,day）：

```
flights %>%
  arrange(year,month,day)
```

（5）按照航班延迟到达的时间进行降序排列（提示：arr_delay）：

```
flights %>%
  arrange(desc(arr_delay))
```

（6）选择年、月、日 3 列：

```
flights %>%
  select(year,month,day)
```

（7）选择除了年、月、日以外的所有列：

```
flights %>%
  select(-year,-month,-day)
```

（8）把表格中名为"tailnum"的列更名为"tail_num"：

```
flights %>%
  rename(tail_num = tailnum)
```

（9）增加一个新的列，它的名称为"gain"，它等于 arr_delay 与 dep_delay 之差：

```
flights %>%
  mutate(gain = arr_delay - dep_delay)
```

（10）求 dep_delay 这一列的平均值（提示：如果包含缺失值，需要设置 na.rm 参数）：

```
flights %>%
  summarise(mean(dep_delay,na.rm = T))
```

（11）随机抽取 10 个记录（提示：sample_n）：

```
?sample_n
```

```
flights %>%

  sample_n(10)
```

（12）随机抽取 1% 的记录（提示：sample_frac）：

```
?sample_frac


flights %>%

  sample_frac(0.01)
```

（13）先按照 tailnum 列进行分组，然后求每一组记录的数量、平均距离（distance）、平均延迟到达时间（arr_delay）。最后筛选出记录数大于 20 条，距离小于 2000 的记录（提示：如果包含缺失值，需要设置 na.rm 参数）：

```
flights %>%

  group_by(tailnum) %>%

  summarise(count = n(),

            dist = mean(distance,na.rm = T),

            delay = mean(arr_delay,na.rm = T)) %>%

  filter(count > 20, dist < 2000)
```

（14）先按照目的地（dest）进行分组，然后求奔赴不同目的地的航班数量，每个组中有多少不同的 tailnum（提示：n_distinct）。这里，我们使用 n 函数对记录进行计数，而用 n_distinct 对组内包含的不同的种类数量进行计数：

```
?n_distinct


flights %>%

  group_by(dest) %>%

  summarise(planes = n_distinct(tailnum),

            flights = n())
```

（15）选取表格的第 1 列：

```
flights %>%
  select(1)
```

（16）选取表格中列名称以"dep"开头的列：

```
flights %>%
  select(starts_with("dep"))
```

（17）选取表格中从 year 到 day 之间的所有列：

```
flights %>%
  select(year:day)
```

（18）选取 flights 表格中的 year、month、day、hour、origin、dest、tailnum 和 carrier 列，并将其与 airline 表格完成左连接操作。这样会根据两个表格共同的列名称自动进行连接：

```
flights %>%
  select(year,month,day, hour, origin, dest, tailnum, carrier) %>%
  left_join(airlines)
```

（19）选取 flights 表格中的 year、month、day、hour、origin、dest、tailnum 和 carrier 列，并将其与 planes 表格完成左连接操作，需要根据 tailnum 列进行连接：

```
flights %>%
  select(year,month,day, hour, origin, dest, tailnum, carrier) %>%
  left_join(planes,by = "tailnum")
```

（20）选取 flights 表格中的 year、month、day、hour、origin、dest、tailnum 和 carrier 列，并将其与 airports 表格完成左连接操作，需要把左表的 dest 列与右表的 faa 列进行连接：

```
flights %>%
  select(year,month,day, hour, origin, dest, tailnum, carrier) %>%
  left_join(airports,by = c("dest" = "faa"))
```

data.table 解决方案

（1）加载 nycflights13 包，并观察带有的 flights 数据表的行列数目：

```
library(pacman)
p_load(nycflights13,data.table)
```

（2）通过 R 语言自带的帮助文档，加深对 flights 表格中数据的了解：

```
?flights

as.data.table(flights) -> fl   #把 flights 转化为 data.table，赋值给 fl
```

（3）筛选出在 1 月 1 日出发的航班记录：

```
fl[month == 1 & day == 1,,]
```

（4）按照日期对表格进行升序排列（提示：year,month,day）：

```
fl[order(year,month,day),,]
```

虽然代码中最后的两个逗号可以去掉，但是为了维持经典的 DT[i,j,by] 格式，建议大家在熟练掌握之前，还是加上两个逗号。

（5）按照航班延迟到达的时间进行降序排列（提示：arr_delay）。这就是去掉后面逗号的排序方式：

```
fl[order(-arr_delay)]
```

（6）选择年、月、日 3 列，建议始终使用 .() 格式，让结果永远返回一个 data.table：

```
fl[,.(year,month,day),]
```

（7）选择除了年、月、日以外的所有列：

```
setdiff(names(fl),c("year","month","day")) -> sel.col

fl[,..sel.col,]

#等价于

fl[,.SD,.SDcols = sel.col]

fl[,sel.col,with = F]


fl[,-c("year","month","day"),]     #个人推荐使用，比较直观

fl[,!c("year","month","day"),]
```

这里在一些方法中我们看到了比较大的区别，我们必须先选出列名称中不是年、月、日的列，然后再用 .. 来选取这些列（data.table 接受字符向量的特殊格式）。当然也有很多其他方法能够去除这 3 列，可以根据自己的习惯选取。

（8）把表格中名为"tailnum"的列更名为"tail_num"：

```
setnames(copy(fl),
```

```
        old = "tailnum",

        new = "tail_num")[]
```

为了保证不要让原始数据表 fl 发生改变，我们必须使用 copy 函数。使用 set* 和 := 进行原位更新的表格，必须最后加 [] 才能够看到结果。

这里多提一句，如果想要对多列进行更新列名称，可以在 copy 函数中使用向量。例如，我们要把 year,month,day 更名为 y,m,d，可以这样操作：

```
setnames(copy(fl),

        old = c("year","month","day"),

        new = c("y","m","d"))[]
```

（9）增加一个新的列，它的名称为"gain"，它等于 arr_delay 与 dep_delay 之差：

```
copy(fl)[,gain := arr_delay - dep_delay,][]
```

（10）求 dep_delay 这一列的平均值（提示：如果包含缺失值，需要设置 na.rm 参数）：

```
fl[,.(mean(dep_delay,na.rm = T)),]
```

（11）随机抽取 10 个记录（提示：sample_n）：

```
?sample


fl[sample(.N,10)]
```

虽然 tidyverse 提供了 sample_n，不过这个问题本质上就是随机选择 10 个行而已。

（12）随机抽取 1% 的记录（提示：sample_frac）：

```
fl[sample(.N,.N*0.01)]
```

只要了解 sample 函数如何使用，从总体中抽取部分比例样本，就变成了抽取多少个样本的问题。

（13）先按照 tailnum 列进行分组，然后求每一组记录的数量、平均距离（distance）、平均延迟到达时间（arr_delay）。最后筛选出记录数大于 20 条，距离小于 2000 的记录（提示：如果包含缺失值，需要设置 na.rm 参数）：

```
fl[,.(count = .N,

    dist = mean(distance,na.rm = T),

    delay = mean(arr_delay,na.rm = T)),

  by = tailnum][
```

```
    count > 20 & dist < 2000

    ]
```

在 data.table 中实现"管道操作"，需要使用 [][]。不过先分组的 by 却在后面显示，因此一定要谨记 DT[i,j,by] 结构。

（14）先按照目的地（dest）进行分组，然后求奔赴不同目的地的航班数量，每个组中有多少不同的 tailnum（提示：n_distinct）：

```
?n_distinct


fl[,.(planes = uniqueN(tailnum),

    flights = .N),

  by = dest]
```

dplyr 有 n，data.table 就有 .N；dplyr 有 n_distinct，data.table 就有 uniqueN，不过本质都是一样的。

（15）选取表格的第 1 列：

```
fl[,1,]
```

（16）选取表格中列名称以"dep"开头的列：

```
fl[,.SD,

  .SDcols = startsWith(names(fl),"dep")]
```

（17）选取表格中从 year 到 day 之间的所有列：

```
fl[,year:day,]
```

（18）选取 flights 表格中的 year、month、day、hour、origin、dest、tailnum 和 carrier 列，并将其与 airline 表格完成左连接操作。这样会根据两个表格共同的列名称自动进行连接，而且还用了 %>% 管道操作符：

```
p_load(magrittr)


fl[,.(year,month,day, hour, origin, dest, tailnum, carrier),] %>%

  merge(airlines,all.x = T)
```

谨记使用管道操作符时需要加载 tidyverse 包，或者只加 dplyr 包也是可以的。当然也可以直接加载 magrittr 包。

（19）选取 flights 表格中的 year、month、day、hour、origin、dest、tailnum 和 carrier 列，并将其与 planes 表格完成左连接操作，需要根据 tailnum 列进行连接：

```
fl[,.(year,month,day, hour, origin, dest, tailnum 和 carrier),] %>%
  merge(planes,all.x = T,by = "tailnum")
```

（20）选取 flights 表格中的 year、month、day、hour、origin、dest、tailnum 和 carrier 列，并将其与 airports 表格完成左连接操作，需要把左表的 dest 列与右表的 faa 列进行连接：

```
fl[,.(year,month,day, hour, origin, dest, tailnum, carrier),] %>%
  merge(airports,all.x = T,by.x = "dest",by.y = "faa")
```

8.2 flights14 数据集探索

熟能生巧，下面我们会利用纽约市 2014 年的航班数据，再次进行实践。这个文件可以在网上直接下载，网址为 https://github.com/Rdatatable/data.table/blob/master/vignettes/flights14.csv。请大家把这个 csv 文件放在工作目录中，也就是执行 dir 代码的时候，文件列表中应该能够找到"flights14"这个文件。这个表格的数据与上一个案例中类似，我们将会提出以下需求。

（1）在当前工作目录中读取 flights.csv 数据表，进行加载，并对行列数量进行展示。

（2）找到 6 月份 origin 等于"JFK"的航班（即 6 月份从 JFK 出发的航班）。

（3）提取表格的前两条记录。

（4）对表格的记录先按照 origin 列升序排列，并在此基础上，再按照 dest 列降序进行排列。

（5）选择名为"arr_delay"的列。

（6）选择名为"arr_delay"和"dep_delay"的两列，并重新命名为"delay_arr"和"delay_dep"。

（7）计算 arr_delay 与 dep_delay 两列之和小于 0 的航班数量。

（8）首先筛选出 origin 等于"JFK"且月份为 6 的记录，然后计算 arr_delay 和 dep_delay 的均值，分别赋值给名为 m_arr 和 m_dep 的两列。

（9）根据 origin 进行分组，求每个组分别有多少条记录。

（10）先筛选 carrier 等于"AA"的记录，再根据 origin 进行分组，求每个组分别有多少条记录。

（11）先筛选 carrier 等于"AA"的记录，再根据 origin 和 dest 两列进行分组，求每个组分别有多少条记录。

（12）先筛选 carrier 等于"AA"的记录，再根据 origin、dest 和 month 3 列进行分组，分别求组内 arr_delay 和 dep_delay 的均值。

（13）先筛选 carrier 等于 "AA" 的记录，再根据 origin 和 dest 两列进行分组，求每个组分别有多少条记录，最后根据 origin 列进行升序排序，并在此基础上，再按照 dest 列降序进行排列。

（14）根据 dep_delay 是否大于 0 和 arr_delay 是否大于 0 进行分组，然后求每个组分别有多少条记录。

（15）根据月份进行分组，然后求每个组的前两条记录。

参考答案与解析

这个训练参考了 data.table 的官网入门教程，链接为 https://cran.r-project.org/web/packages/data.table/vignettes/datatable-intro.html，感兴趣的读者可以阅读原文。这里会给出 data.table 和 dplyr 方法的解决方案，读者可以自行比较，然后选择自己感兴趣的包进行深入强化。如果有能力的话，建议都进行学习，从而更加灵活高效地在 R 中对数据表格进行处理。

data.table 解决方案

（1）在当前工作目录中读取 flights.csv 数据表，进行加载，并对行列数量进行展示。这里我们用了 ./flights14.csv 文件的位置，它是一个相对位置，表示在当前工作目录下读取 flights14.csv 这个文件：

```
library(pacman)

p_load(data.table)


fread("./flights14.csv") -> flights


dim(flights)   #查看行列数量
```

（2）找到 6 月份 origin 等于 "JFK" 的航班（即 6 月份从 JFK 出发的航班）：

```
flights[origin == "JFK" & month == 6L]
```

（3）提取表格的前两条记录：

```
flights[1:2]
```

（4）对表格的记录先按照 origin 列升序排列，并在此基础上，再按照 dest 列降序进行排列：

```
flights[order(origin, -dest)]
```

（5）选择名为"arr_delay"的列：

```
flights[, arr_delay]
```

（6）选择名为"arr_delay"和"dep_delay"的两列，并重新命名为"delay_arr"和"delay_dep"：

```
flights[, .(delay_arr = arr_delay, delay_dep = dep_delay)]
```

（7）计算 arr_delay 与 dep_delay 两列之和小于 0 的航班数量：

```
flights[, sum( (arr_delay + dep_delay) < 0 )]
```

（8）首先筛选出 origin 等于"JFK"且月份为 6 的记录，然后计算 arr_delay 和 dep_delay 的均值，分别赋值给名为 m_arr 和 m_dep 的两列：

```
flights[origin == "JFK" & month == 6L,

            .(m_arr = mean(arr_delay), m_dep = mean(dep_delay))]
```

（9）根据 origin 进行分组，求每个组分别有多少条记录：

```
flights[, .N, by = origin]
```

（10）先筛选 carrier 等于"AA"的记录，再根据 origin 进行分组，求每个组分别有多少条记录：

```
flights[carrier == "AA", .N, by = origin]
```

（11）先筛选 carrier 等于"AA"的记录，再根据 origin 和 dest 两列进行分组，求每个组分别有多少条记录：

```
flights[carrier == "AA", .N, by = .(origin, dest)]
```

（12）先筛选 carrier 等于"AA"的记录，再根据 origin、dest 和 month 这 3 列进行分组，分别求组内 arr_delay 和 dep_delay 的均值：

```
flights[carrier == "AA",

        .(mean(arr_delay), mean(dep_delay)),

        by = .(origin, dest, month)]
```

如果要用 .SDcols 对列进行选择，可以这样写：

```
flights[carrier == "AA",

        lapply(.SD, mean),

        by = .(origin, dest, month),

        .SDcols = c("arr_delay", "dep_delay")]
```

（13）先筛选 carrier 等于"AA"的记录，再根据 origin 和 dest 两列进行分组，求每个组分别有多少条记录，最后根据 origin 列进行升序排序，并在此基础上，再按照 dest 列降序进行排列：

```
flights[carrier == "AA",
       .N,
       by = .(origin, dest)][
         order(origin, -dest)
         ]
```

（14）根据 dep_delay 是否大于 0 和 arr_delay 是否大于 0 进行分组，然后求每个组分别有多少条记录：

```
flights[, .N, .(dep_delay>0, arr_delay>0)]
```

（15）根据月份进行分组，然后求每个组的前两条记录。需要牢牢记住，.SD 代表的是分组后的数据子集：

```
flights[, head(.SD, 2), by = month]
```

dplyr 解决方案

（1）在当前工作目录中读取 flights.csv 数据表进行加载，并对行列数量进行展示：

```
library(pacman)

p_load(tidyverse)


read_csv("./flights14.csv") -> flights


flights
```

这里我们用了 ./flights14.csv 文件的位置，它是一个相对位置，表示在当前工作目录下读取 flights14.csv 这个文件。由于 read_csv 可以返回一个 tibble 格式的数据，因此可以直接浏览这个变量，就可以得知数据表的信息。

（2）找到 6 月份 origin 等于"JFK"的航班（即 6 月份从 JFK 出发的航班）：

```
flights %>%
  filter(origin == "JFK" & month == 6L)
```

（3）提取表格的前两条记录：

```
flights %>%

  slice(1:2)
```

（4）对表格的记录先按照 origin 列进行升序排列，并在此基础上再按照 dest 列进行降序排列：

```
flights %>%

  arrange(origin,desc(dest))
```

（5）选择名为"arr_delay"的列：

```
flights %>%

  select(arr_delay)
```

（6）选择名为"arr_delay"和"dep_delay"的两列，并重新命名为"delay_arr"和"delay_dep"：

```
flights %>%

  select(delay_arr = arr_delay, delay_dep = dep_delay)
```

（7）计算 arr_delay 与 dep_delay 两列之和小于 0 的航班数量：

```
flights %>%

  summarise(sum( (arr_delay + dep_delay) < 0 ))
```

（8）首先筛选出 origin 等于"JFK"且月份为 6 的记录，然后计算 arr_delay 和 dep_delay 的均值，分别赋值给名为 m_arr 和 m_dep 的两列：

```
flights %>%

  filter(origin == "JFK" & month == 6L) %>%

  summarise(m_arr = mean(arr_delay),

        m_dep = mean(dep_delay))
```

（9）根据 origin 进行分组，求每个组分别有多少条记录：

```
flights %>%

  count(origin)
```

（10）先筛选 carrier 等于"AA"的记录，再根据 origin 进行分组，求每个组分别有多少条记录：

```
flights[carrier == "AA", .N, by = origin]
```

（11）先筛选 carrier 等于"AA"的记录，再根据 origin 和 dest 两列进行分组，求每个组分别有多少条记录：

```
flights %>%

  filter(carrier == "AA") %>%

  count(origin,dest)
```

（12）先筛选 carrier 等于"AA"的记录，再根据 origin、dest 和 month 这 3 列进行分组，分别求组内 arr_delay 和 dep_delay 的均值：

```
flights %>%

  filter(carrier == "AA") %>%

  group_by(origin, dest, month) %>%

  summarise(mean(arr_delay), mean(dep_delay))
```

当然，在 tidyverse 生态系统中，同样可以批量进行均值计算：

```
flights %>%

  filter(carrier == "AA") %>%

  group_by(origin, dest, month) %>%

  summarise_at(vars(arr_delay,dep_delay),funs(mean))
```

（13）先筛选 carrier 等于"AA"的记录，再根据 origin 和 dest 两列进行分组，求每个组分别有多少条记录，最后根据 origin 列升序排序，并在此基础上，再按照 dest 列降序进行排列：

```
flights %>%

  filter(carrier == "AA") %>%

  count(origin,dest) %>%

  arrange(origin,desc(dest))
```

（14）根据 dep_delay 是否大于 0 和 arr_delay 是否大于 0 进行分组，然后求每个组分别有多少条记录：

```
flights %>%

  count(dep_delay>0, arr_delay>0)
```

其实这种操作本质上就是根据逻辑条件进行分组，同样也可以写入 group_by 函数中。

（15）根据月份进行分组，然后求每个组的前两条记录：

```
flights %>%

  group_by(month) %>%

  slice(1:2)
```

第9章

测　　试

为了检测学习成果，我们现在随机创建一份数据集，然后对这个数据集提出需求。如果这些需求我们都能够自如地在 R 语言中实现，那么就基本掌握了这些知识。数据集生成函数如下：

```
nr_of_rows <- 2e3


df <- data.frame(

    Logical = sample(c(TRUE, FALSE, NA), prob = c(0.85, 0.1, 0.05), nr_of_
rows, replace = TRUE),

    Integer = sample(1L:100L, nr_of_rows, replace = TRUE),

    Real = sample(sample(1:10000, 20) / 100, nr_of_rows, replace = TRUE),

    Factor = as.factor(sample(labels(UScitiesD), nr_of_rows, replace = TRUE))
    )
```

这样就得到了名为 df 的数据表格。下面我们会提出需求，请读者利用已经学到的数据处理知识，对这些信息进行提取。这次将不会在此展示标准答案，请读者自由发挥实现这些需求。标准答案会放在赠送资源里（下载方式见前言），自行操作后，读者可下载答案进行对比印证。

（1）观察 df 表格，进行简单描述，然后把它转换为 tibble 格式，存储在变量 dt 中。后面的操作在 tibble 格式的数据表 dt 中进行。

（2）筛选 Integer 小于 29 的记录。

（3）筛选 Logical 为 TRUE，而且 Integer 大于 29 的记录。

（4）查看 Logical 列为缺失值的记录。

（5）选取表格的前两列，并取出前 4 行记录。

（6）筛选 Logical 列为 FALSE 的记录，然后选择 Real 和 Factor 两列。

（7）把表格的 Logical、Integer、Real 和 Factor 这 4 列分别更名为 a、b、c、d，并且进行更新，保存到原来的表格中。

（8）新增一个名为 e 的列，让它等于 b 与 c 的乘积。

（9）新增一列常数列，名称为 one，数值为 1。

（10）让表格根据 b 和 c 两列进行升序排序。

（11）筛选出 a 等于 TRUE 的列，然后根据 b 进行升序排序。

（12）筛选出 a 等于 TRUE 的列，然后根据 b 进行降序排序。

（13）查看数据表中哪些变量包含缺失值，缺失值的数量是多少。

（14）首先筛选 a 为 FALSE，b 大于 29 的记录。然后选择 a、b、c 这 3 列，把 b 列提取出来放在第一列的位置。

（15）求表格中 d 列有多少条独有的记录（提示：distinct）。

（16）对 a 列分组，求每一组有多少条记录。然后计算每个分组中分别有多少条独有的 d 列中的记录。

（17）首先根据 d 列进行分组，然后在组内求 c 列的平均值。

（18）首先选取 a 为 FALSE 的记录，然后根据 b 和 d 列进行分组，最后根据分组求 c 列的平均数和中位数。

（19）首先选取 a 为 FALSE 的记录，然后根据 d 列分组，最后求各个组内 c 列的最大值和最小值。

（20）先按照 d 列进行分组，然后选取 b、c、d 这 3 列。新增一列为组内所有 c 列的数值与在组内第一次出现的 c 列数值之差（提示：first）。

（21）先筛选 a 为 FALSE 的记录，然后选取 b、c、d 这 3 列。其后，根据 d 列进行分组，在组内筛选 c 列为组内数值最大值和最小值的记录。最后根据 b 列进行排序，并在输出的时候要求看到所有记录（提示：print(n = Inf)）。

（22）新增两列，分别根据 c 列进行升序排名和降序排名。然后根据 d 列进行分组，选出组内 b 列的数值为最大的记录（提示：min_rank）。

（23）求 b 列值为最高和最低的 5 条记录（提示：top_n）。

（24）根据 d 列进行分组，求得每个组的记录个数，形成一个计数表格 d_count。然后用 dt 表格与 d_count 表格根据 d 列进行左连接。

如果你能够看懂上面"抽象"的数据处理语言，并不假思索地完成上面所有的任务，那么你不仅拥有了在 R 中进行数据调度的能力，而且还拥有了自如应对一些从未遇到过的问题的能力。数据处理的本质，就是把现实问题转化为抽象的逻辑语言，然后在计算机上进行实现和计算，将得到的结果又重新转化为业务逻辑，然后运用在实际场景中的过程。

第 10 章
实用数据处理技巧

数据处理的过程中，我们经常遇到各种"卡壳"事件，程序运行得越来越慢，要等很久；等了很久之后，出来的结果居然是错误的，这些情况屡见不鲜。人生不如意之事十有八九，但是大多都是能解决的。只要具备快速学习的能力，从"卡壳"到"跑通"程序，只是时间的问题。本章将会介绍数据处理中一些常见的"坑"，并给出一些可行的解决方案。同时，也为更好地进行数据处理打开一扇大门。希望读者在学习技巧的同时，也能掌握解决问题的基本思路和方法，在解决新的问题时，能够游刃有余。

10.1 数据存取

数据存取，即数据的导入（import）和导出（export），是数据科学工作流中的重要环节。准确、快速地读写不同格式的数据文件，是需要掌握的必备技能。因此，在本章我们将会介绍在数据存取中常见的技巧，包括编码格式问题、快速读写问题和格式转换问题等。

10.1.1 令人头疼的编码格式（encoding）

翻译讲求"信、达、雅"，"信"字当头，也就是说我们做翻译的时候保证意思准确，不偏离、不遗漏，这是最重要的。在数据读写中也一样，如果我们存的数据，在读取的时候变了，那么就丧失了数据原始要表达的意思，这是绝对不允许的。我们需要把生成的数据，存在文件中，在下次读取时，又能还原成原来的样子。但是因为编码格式的问题，并不是总是能做到这一点。如果你在 R 中读取数据时出现了乱码，那么就应该了解一下关于编码格式的问题。

编码是用预先规定的方法将文字、数字或其他对象编成数码，或将信息、数据转换成规定的电脉冲信号。为保证编码的正确性，编码要规范化、标准化，即要有标准的编码格式。一般来说，如果我们的文件中只有英文字符和数字，很少会遇到编码格式的问题。但是有时我们会在文件中输入中文，甚至是希腊字母，这时要让 R 能够正确读取它就需要花一点工夫。下面举一个实际的例子。

首先数据可以在 GitHub 中获得，网址为 https://github.com/hope-data-science/data_preprocessing/blob/master/encoding_test.csv。其实它只有一个表头，称为 Authors，下面是一些作者的信息。如果

用 Excel 打开，我们会发现表格中有一些特殊的字符（如 Virgüez-Díaz），这些内容直接读入 R 中是会出现乱码的。我们现在先尝试一下，为了节省篇幅，还是不显示结果。我们先用最简单的方法读取，看看是不是会出现问题。在运行之前，需要把数据从网上下载下来，然后放在你的工作目录中。

```
read.csv("./encoding_test.csv")
```

这样显然出现了乱码（原来的 "Virgüez-Díaz" 变成了 "Virg 眉 ez-D 铆 az"），这时我们需要设置编码格式再读入。代码如下：

```
read.csv("./encoding_test.csv",encoding = "UTF-8")
```

运行后好像比刚才好了一些，但是依然有乱码（可以看到 "Graça" 变成了 "Gra<U+00E7>a"）。要矫正这些乱码，实践证明，可以利用 tidyverse 生态系统的工具：

```
library(pacman)

p_load(tidyverse)

read.csv("./encoding_test.csv",encoding = "UTF-8") %>% as_tibble()
```

至此，我们就完全还原了表格，没有乱码了。事实上，我们可以直接使用 tidyverse 生态系统中 readr 包的 read_csv 函数。它可以直接对编码格式进行猜测，然后得到正确的结果：

```
read_csv("./encoding_test.csv")
```

结论就是，如果想要读取特殊格式的文件，应该在读取的时候设置编码格式（encoding）。在很多文件读取函数中，包括 base::read.csv、data.table::fread 中都有专门设置编码格式的参数。如果读取之后发现结果还是不完全符合要求，可以使用 tidyverse::as_tibble 函数对其进行转化，对结果进行还原。当然，不是所有编码格式都是 "UTF-8"，如果想要检测字符属于哪种编码格式，可以使用 stringi 包中的 stri_enc_dedtect 函数。

10.1.2 读写性能竞速赛（fst/feather & data.table/readr）

如果大家看过《龙珠》，应该都会想要一个"万能胶囊"。它可以把任意大小的物品瞬时压缩成一个胶囊，要用的时候可以随时打开使用。如果看过《机器猫》的动画片，也会艳羡哆啦 A 梦的万能口袋，可以把巨大的东西放进口袋里，随时拿出来用。其实数据的读写也一样，当我们得到一个表格时，希望把它快速缩小成一个文件，然后带走。在需要使用的时候，又希望能够随时拿出来，然后迅速载入工作环境中。

在 R 的基本包中，我们有很多读写数据框的函数，如用得最多的 read.csv 函数和 write.csv 函数。此外，如果希望读写二进制格式的文件，还可以使用 save/saveRDS、load 等函数。不过基本包的函数在性能上不一定能够达到要求，例如，read.csv 在读文件时可能非常慢，write.csv 写出速度也不算快。在活跃的 R 语言社区中，有高手写了各种各样的包，来完善这些问题。我们可以比较一下这些方法，从而得到目前为止最优的 R 语言读写方案。

我们需要解决的问题如下。

（1）如果我们在 R 中已经得到了一个非常大的数据表，应该用什么工具才能够迅速写出这个数据表？

（2）如果我们在文件夹中有一个很大的数据表文件，怎样才能迅速读取并载入工作区间中？

本次试验需要用到的包我们会统一加载一下，后面会进行更加详细的介绍。

```
library(pacman)

p_load(fst,feather,data.table,tidyverse)
```

另外，我们需要在 R 环境中生成一个大的数据框：

```
nr_of_rows <- 1e7


df <- data.frame(

    Logical = sample(c(TRUE, FALSE, NA), prob = c(0.85, 0.1, 0.05), nr_of_
rows, replace = TRUE),

    Integer = sample(1L:100L, nr_of_rows, replace = TRUE),

    Real = sample(sample(1:10000, 20) / 100, nr_of_rows, replace = TRUE),

    Factor = as.factor(sample(labels(UScitiesD), nr_of_rows, replace = TRUE))

)
```

它有多大呢？我们可以查查看：

```
object.size(df) %>%

  print(unit = "auto")
```

对于这个 190.7 MB 的文件表，我们会以读写该文件为标准，比较不同方法的读写速度。

1. csv 组别

现在，在 R 环境中有名为 df 的变量，包含着 190.7 MB 的数据表。我们会先尝试把它读出为 csv 格式，因为这个格式非常通用，能够在 Excel、Notepad 等软件中直接打开查看，而且也能够自由地导入大部分的数据处理软件中。下面我们先看一下写出 csv 格式的工具都有哪些，也就是介绍一下我们的"运动员"。

- write.csv: base 包中的老牌函数，初学者应该都知道。
- write_csv: tidyverse 生态系统中 readr 包的函数。
- fwrite: data.table 阵营中的写出函数。

这里统一写出 D 盘根目录下，因此我们直接更改工作区间。

```
setwd("D:/")
```

此外，我们会使用 microbenchmark 包对写出的时间作比较，比赛次数为一次，一次定胜负。计时单位为秒。下面开始比赛：

```
p_load(microbenchmark)


microbenchmark(write.csv(df,"df_base.csv"),

               write_csv(df,"df_readr.csv"),

               fwrite(df,"df_dt.csv"),

               times = 1,unit = "s")
```

由于我们的计算机软、硬件情况都不一样，因此这里不直接展示结果。不过可以肯定的是，笔者的结果与大量实践证明结果是一致的，也就是基本包是最慢的，而 data.table 的 fwrite 速度最快（在笔者的测试中只用了 6.33 秒）。也就是说，如果追求写出的速度，请用 data.table::fwrite。我们来看看其他有意思的事情。导出以后，用 write.csv 导出的文件占空间为 340 MB；而使用 fwrite 导出的文件占空间为 226 MB；用 write_csv 导出的 csv 格式文件最小，仅占 217 MB。现在，我们把这些文件重新读入，为了表示公平，我们统一读入刚刚写出的 "df_dt.csv" 文件。这次的 "运动员" 如下。

（1）read.csv: base 阵营 "老牌运动员"。

（2）read_csv: tidyverse 生态系统中的 "翘楚"。

（3）fread: data.table 阵营的数据导入 "尖兵"。

与写出一样，一次定胜负：

```
microbenchmark(read.csv("df_dt.csv") -> df_base,

               read_csv("df_dt.csv") -> df_readr,

               fread("df_dt.csv") -> df_dt,

               times = 1,unit = "s")
```

大家可以自行运行查看结果，但是结果依旧与大量实践相符：fread 速度超过其他函数（仅用了 0.54 秒）。有一点需要注意，用 read.csv 读取的文件会把字符当成因子变量；而 read_csv 和 fread 都不会自动进行转化。此外，read_csv 会自动返回一个 tibble，而 fread 会自动返回一个 data. table。不过两者读入之后是一模一样的，大家可以用 setequal 函数测试一下，将会返回一个 TRUE 的逻辑值。

```
setequal(df_readr,df_dt)
```

综上所述，在读写 csv 格式文件时，data.table 的速度独领风骚。如果需要考虑速度，直接使用 fread 和 fwrite 即可。就算你真的需要一个 tibble，也请你使用 fread() %>% as_tibble()。本次测试最后，我们清理一次工作区间。首先是删除保存在 D 盘的 csv 文件：

```
file.remove(c("df_base.csv","df_dt.csv","df_readr.csv"))
```

然后，只保留 df 数据框，环境中的其他变量统统删除：

```
rm(list = setdiff(ls(),"df"))
```

如果大家能够安装 gdata 包的话，还可以这么实现：

```
gdata::keep(df,sure = T)
```

2. bin 组别

csv 的读写能力哪个强？我们已经知道是 data.table 的 fread 函数和 fwrite 函数。如果想要获得更加迅速的读写能力，就需要用到二进制文件格式了。我们接下来会比较 base、feather 和 fst 这 3 个包。

在 base 包中，要存储一个数据表可以使用 saveRDS 函数，文件后缀为 ".rds"，要重新读取则可以使用 readRDS 函数。在 tidyverse 生态系统中，readr 包也提供了 read_rds 函数和 write_rds 函数，本质上与 saveRDS 函数和 readRDS 函数是一样的，为了能够形成比较一致的语法结构，这里就用 readr 提供的函数。

feather 包是由 R 语言 "大神" Hadley Wickham 与 Python 语言 "大神" Wes McKinney 联袂推出的高速数据框读写包。读出的后缀名为 ".feather" 格式的文件，能够自由地在 R 与 Python 中读入和写出。同时，它的速度也非常快。

fst 包则是另一个二进制文件格式高速读写包，同样能够对 R 中的数据框进行高速读写，文件格式后缀为 ".fst"。除了高速读写以外，fst 包还具有对文件进行压缩的功能，可以控制对文件压缩的程度。不过，如果要进行压缩，肯定在读写上就需要花费更长的时间。压缩程度可以是 0 ~ 100，默认值为 50。

还是刚才的 df 数据集，现在我们要进行比赛了！我们必须明确的是，二进制文件的读写是非常快的，不到 1 秒就能够完成。因此我们需要多进行几次，以得到稳定的结果。笔者会用 10 次比赛的结果取平均值来决定最后的成绩。首先是文件写出的比较：

```
microbenchmark(write_rds(df,"df.rds"),

               write_feather(df,"df.feather"),

               write_fst(df,"df.fst"),

               times = 10,unit = "s")
```

这里依然不直接展示结果，读者可以自行运行。每个人的计算机性能都不同，所以结果也不会完全一致。在笔者的计算机中运行后（内存 8G/i5 CPU/4 核心），发现读出 feather 格式最慢，平均需要 3.27 秒，而其他方法要读出这个"大"文件，基本都在 1 秒内完成。其中最快的是 fst 包，在默认的压缩条件下，只需要 0.08 秒，而读出 rds 格式文件则需要 0.41 秒。现在把写出来的文件再读入，看看需要多长时间：

```
microbenchmark(read_rds("df.rds") -> df_rds,

               read_feather("df.feather") -> df_feather,

               read_fst("df.fst") -> df_fst,

               times = 10,unit = "s")
```

从结果来看，依然是 fst 包的读取速度最快，仅用了 0.15 秒，feather 则用了 0.27 秒，rds 用了 0.41 秒。在这些试验中，我们发现如果把文件保存为二进制格式，读写的速度会有非常大的提升。不得不提的一点是，在所保存的文件中，fst 的大小只有 59 MB，而 rds 格式则为 190 MB，feather 为 154 MB。fst 真正做到了又快又小。如果担心太快的读取速度和压缩速度会导致文件损坏，可以使用 setequal 函数来查看这些重新读入的文件与原始文件是否有差异：

```
setequal(df,df_rds)
```
```
setequal(df,df_feather)
```
```
setequal(df,df_fst)
```

最后，把创建的文件再删除：

```
file.remove(c("df.fst","df.rds","df.feather"))
```

10.1.3 数据存取转换的瑞士军刀（rio）

数据的格式非常丰富，如 Excel 的 xls、xlsx，SPSS 的 sav、MATLAB 的 mat，以及之前提到的二进制格式，如 rds、feather、fst。每次为了导入或导出特定格式，就要加载一个新的包，过程比较麻烦。为了解决这个问题，R 社区中的贡献者就推出了 rio 包，能够对各种格式进行输入和输出，它能够支持的格式可以参照网上的官方教程 https://cran.r-project.org/web/packages/rio/vignettes/rio.html 或 GitHub 主页 https://github.com/leeper/rio，rio 包的实质是利用各种其他包的导入、导出函数对其进行统一化的自动操作。我们首先安装 rio 包，把工作区间设置为 D 盘根目录：

```
library(pacman)

p_load(rio)


# 如果是第一次使用 rio 包，需要运行下面这个函数，对必要的包进行安装

#install_formats()


setwd("D:/")
```

先举个例子，如果我们要把 iris 输出为 Excel 的 xlsx 格式，可以直接使用 export 函数：

```
export(iris,"iris.xlsx")
```

如果要重新读入，可以使用 import 函数：

```
import("iris.xlsx") -> iris_xlsx
```

那么 iris_xlsx 中就保存了 iris 数据集。我们知道 Excel 的文件中，可以有多个工作簿（sheet），也就是说可以保存多个文件。rio 同时支持批量导出和导入。例如，我们把 mtcars 和 iris 两个数据集进行导出：

```
export(list(mtcars = mtcars,iris = iris),file = "mtcars_iris.xlsx")
```

读者可以到根目录下找到这个文件，然后进行查看。如果需要重新导入，则需要使用 import_list 函数：

```
import_list("mtcars_iris.xlsx") -> mtcars_iris
```

这样一来，我们导入的数据其实是一个列表，每个列表包含了一个数据框。例如，我们要取出第一个数据框：

```
mtcars_iris[[1]]
```

取出第二个数据框也非常简单：

```
mtcars_iris[[2]]
```

还可以根据名称来取出这些数据框。例如，我们要取出名为 iris 的工作簿保存的数据框：

```
mtcars_iris[["iris"]]
#等价于
mtcars_iris$iris
```

也可以在导入时，直接选择要使用的工作簿：

```
# 取出第二个工作簿

import_list("mtcars_iris.xlsx",which = 2)


# 取出名为 iris 的工作簿

import_list("mtcars_iris.xlsx",which = "iris")
```

能够支持多文件读写的格式，还有rdata、zip、HTML等格式，感兴趣的读者可以自行探索。此外，rio 还支持对文件进行转格式，其实本质上就是把一个格式的文件读入 R 环境中，再在工作目录导出为另一个格式的文件。转格式的函数为 convert，下面我们把 "iris.xlsx" 转换为 "iris.fst"：

```
convert("iris.xlsx","iris.fst")
```

我们在 D 盘根目录下已经可以找到 iris.fst 这个文件了。最后，删除目录下的文件。除了 file.remove函数以外，我们还可以使用 unlink 函数：

```
unlink(c("iris.xlsx","mtcars_iris.xlsx","iris.fst"))
```

10.2 并行计算（doParallel）

为什么要用并行计算？因为数据量太大时，用单线程的话，计算速度就取决于单个核心的 CPU 主频。如果主频升不上去，那么做计算就要等很久。但是如果这个任务能够分为多个任务，让计算机分开运行，最后把结果汇总到一起，那么就可以提升效率。

要使用并行计算，首先要保证计算机有多个核心（买计算机的时候大家都会注意到有双核的、四核的、八核的甚至是十六核的），如果只有一个核心，是无论如何都无法进行并行计算的；其次，需要保证任务适合使用并行计算，判断标准有以下两点。

（1）数据本身可以切分，分而治之，然后再合并。例如，我们要求 1 亿个数的最大值，我们可以先分成 10 个 1000 万个，然后得到每个 1000 万个中的最大值，变成 10 个数字，最后再求 10 个数字的最大值，就是这 1 个亿的数字中的最大值。这种任务就可以分解成并行任务。但是有的任务就不能分为并行任务，例如，在机器学习中，训练模型如果要根据上一次的迭代结果进行调整，那么它就是一个典型的串行任务。没有上一步的结果就没法继续做下去，因此在这个任务中无法配置并行计算。

（2）数据量要足够大。如果是一个小问题，速度的提升不会特别明显。举个例子，笔者在企业中带一个团队，团队中有 10 个人。如果上司布置一个任务，这个任务只要 1 个人 1 小时就能够完成。但是如果要用并行，把这 1 个小时的工作平均切分成 10 份，然后给每个人分别讲解要完成什么工作，要做成什么样子。每个人做完之后，再把他们所有的成果汇总起来，交给上司。那么本来 1 个小时就能够完成的任务，可能要做一天（都不一定能做完）。并行的本身是需要成本的，也就是对数据进行切分和最后汇总的成本。如果数据量不是特别大，并行就不划算了。如果任务特别大，那么就可以先把工作安排给 10 个人，然后分别完成，就能够极大地提高效率。

在 R 语言中，如果没有连接 Spark 这种外部架构，也可以直接在本地进行并行计算，前提是计算机有多个核心，能够支持多线程运作。我们会介绍如何利用 doParallel 包来部署并行架构，并利用 foreach 函数对大的任务进行划分，最后汇总到一起形成最后的结果。并行运算能够加快很多操作：比如并行爬虫，如果有 40 个核心，就相当于 40 个人同时对不同的网页进行浏览；并行文件读写，可以利用核心数量的优势快速批量读取文件，最后合并成一个大的表格；让不同的核心同时在同一个文件夹中读出数据。

下面我们将会演示，如何利用并行计算批量读出数据，然后再读回来。但是核心在于如何对任务进行拆分和汇总，以及在 R 环境中并行计算应该如何配置。我们先讲一下需求：我们要随机生成 400 个数据框（每个具有 1000 行，4 列），然后批量写出 D 盘根目录下的 test_parallel 文件夹中。为了得到绝对的速度，节省一点空间，可使用 fst 包把它们写出为 fst 格式。随后，我们会重新把它们读出来，合并成一个大的数据框。

（1）加载安装包。

加载整个过程中需要用到的包，包括 fst、doParallel 和 tidyverse：

```
library(pacman)

p_load(fst,doParallel,tidyverse)
```

（2）创建文件路径。

我们要在 D 盘根目录下创建一个文件夹，专门供测试使用。创建之后，把整个工作区间设置到指定的位置，也就是 "D:/test_parallel"：

```
dir.create("D:/test_parallel")

setwd("D:/test_parallel")
```

（3）并行设置。

要设置并行运算，需要用到 registerDoParallel 函数。这个函数可以接受两个参数，一个是能够利用 makeCluster 函数定义的集群对象（也可以直接赋予想要使用的节点数量，不过它不能超过计算机拥有的核心数量），另一个是想要在并行运算中使用的核心数量 cores。想要知道自己的计算机有多少个核心，可以用 detectCores 函数。

```
detectCores()
```

为了使用所有的核心数量，这里直接利用 detectCores 函数的结果来定义集群，然后进行注册。

```
makeCluster(detectCores()) -> cl

registerDoParallel(cl)
```

现在已经处于并行的模式了，当我们使用 foreach 函数实现一些功能的时候，就可以直接使用多个核心。

（4）并行写出数据。

这里，我们准备写出 400 个数据框，每个文件的名称就用 1 ~ 400 来表示，也就是说第一个文件名称为 "1.fst"。如果是正常地写一个循环，应该这样编码：

```
# 定义数据框

nr_of_rows <- 1e3


df <- data.frame(

    Logical = sample(c(TRUE, FALSE, NA), prob = c(0.85, 0.1, 0.05), nr_of_
rows, replace = TRUE),

    Integer = sample(1L:100L, nr_of_rows, replace = TRUE),

    Real = sample(sample(1:10000, 20) / 100, nr_of_rows, replace = TRUE),

    Factor = as.factor(sample(labels(UScitiesD), nr_of_rows, replace = TRUE))

  )



for(i in 1:400){

  write_fst(df,str_c(i,".fst"))

}
```

其实这个操作也是非常快的，因为 fst 本身很快。不过下面我们会使用并行写出来编码：

```
nr_of_rows <- 1e3


df <- data.frame(

    Logical = sample(c(TRUE, FALSE, NA), prob = c(0.85, 0.1, 0.05), nr_of_
rows, replace = TRUE),
```

```
  Integer = sample(1L:100L, nr_of_rows, replace = TRUE),

  Real = sample(sample(1:10000, 20) / 100, nr_of_rows, replace = TRUE),

  Factor = as.factor(sample(labels(UScitiesD), nr_of_rows, replace = TRUE))
 )


void = function(...){}


foreach(i = 1:400,

      .packages = c("fst","stringr"),

      .combine = void) %dopar% {

  write_fst(df,str_c(i,".fst"))

}
```

　　我们来解释一下上面的操作究竟做了什么。首先构造了一个 1000 行 4 列的数据框，名称为 df。然后构造了一个函数，名称为 void，它的任务就是，无论接受任何东西，什么也不做，也没有任何返回值（所以会返回空值 NULL）。下面介绍一下最主要的 foreach 函数，首先它能够接受无限多的参数。例如，我们把 i=1:400 放了进去，此时它其实接受了一个数字向量。最后我们要用 write_fst 写出类似 "1.csv" 的文件，而且字符串的拼接用了 stringr 的 str_c 函数（比较熟悉基本包的程序员，可以直接用 paste0 函数）。要运行 write_fst(df,str_c(i,".fst"))，需要 fst::write_fst 函数和 stringr::str_c 函数，因此在每个核心中都要加载这两个包，所以需要定义 .packages = c("fst","stringr")。

　　需要注意的是，在 Linux 操作系统中，.package 这个参数可以不用进行设置。foreach 函数总是以列表的形式返回每个核心中的结果汇总，我们可以用 rbind 等任意函数把这些返回的结果拼接起来或进行计算。不过写出的操作本身不需要额外的输出，因此可以定义空函数 void，最终会返回一个空值 NULL。运行之后，可以看到在 D:/test_parallel 目录下，已经包含了 400 个文件了。

　　（5）并行读取数据。

　　如果能够理解上面的操作，那么下面的操作将会非常简单。我们要对这些文件进行分别提取，然后合并成一个大的数据框。最后使用 as_tibble 函数把这个大表格转化成一个 tibble：

```
foreach(i = 1:400,

      .packages = c("fst","stringr"),
```

```
    .combine = rbind) %dopar% {

  read_fst(str_c(i,".fst"))

} %>%

  as_tibble() -> big_table
```

现在这个表格就存于 big_table 变量中了。注意，我们之所以能够使用 rbind 把它们合并起来，是因为我们的数据框都有相同的列数，而且列名称是完全一致的。

（6）退出并行模式。

退出并行模式之前，看看我们究竟使用了多少核心：

```
getDoParWorkers()
```

下面退出并行模式：

```
stopCluster(cl)
```

（7）删除生成的文件和变量。

为了有始有终，我们对已经生成的所有数据变量和文件进行清除。首先清除 R 的工作环境的所有变量：

```
rm(list = ls())
```

然后删除整个 D 盘根目录下所创建的文件夹 test_parallel 及其包含的文件：

```
unlink("D:/test_parallel",recursive = T)
```

unlink 函数是非常强力的，具备管理员权限，不需要询问就可以直接删除文件。使用的时候要小心谨慎，否则会删掉其他有用的内容。

在这个例子中，我们其实是把 1 ~ 400 的正整数拆分给 4 个核心来做（笔者的计算机是 4 核的）。现实工作中，我们可以把任意向量放在 foreach 函数中，然后让它自动平均分配给各个核心进行运算，最后用 .combine 参数中的函数来合并汇总这些结果。CPU 的主频如果升不上去，可以提高核的数量来获得更高的性能。

10.3　混合编程

前面我们介绍了比较重要的两个数据处理的包：data.table 和 tidyverse 生态系统的 dplyr 包。dplyr 代表了最高的可读性，熟练运用之后，可以写出容易维护的代码（容易写、容易读、容易改）。data.table 代表了最高的性能。事实上，如果能够深入了解数据操作的本质，使用 dplyr 和 data.table 不会有太大的差别。这时为了获得最优的性能，很多高级用户会选择 data.table。尽管笔者自己也会用 data.table，但是笔者仍然认为，它的可读性很差，逻辑比较绕。而 tidyverse 的 dplyr 相对来说处处体贴用户，但需要付出额外的运行时间作为成本。因此笔者就采取了一种混合式的编程，能够在 tidyverse 的整体风格下，仅在需要加速的时候引入 data.table。甚至有的时候，能够写一些函数给一些数据处理的步骤加速。这部分内容完全是原创，如有不足之处还请批评指正。首先，把 190.7 MB 的大表格先做出来：

```
nr_of_rows <- 1e7


df <- data.frame(

    Logical = sample(c(TRUE, FALSE, NA), prob = c(0.85, 0.1, 0.05), nr_of_
rows, replace = TRUE),

    Integer = sample(1L:100L, nr_of_rows, replace = TRUE),

    Real = sample(sample(1:10000, 20) / 100, nr_of_rows, replace = TRUE),

    Factor = as.factor(sample(labels(UScitiesD), nr_of_rows, replace = TRUE))
  )
```

然后把两个重要的包加载进去：

```
library(pacman)
p_load(data.table,tidyverse)
```

笔者认为 tibble 要比 data.table 更加友好一些，因此笔者一般先把所有数据框转化成 tibble 格式：

```
df %>% as_tibble -> dt
rm(df)    #df 不用了，因此移除来节省空间
```

190.7 MB 的表格还不算特别大，我们把 5 个这样的表格放在一起来做试验：

```
bind_rows(dt,dt,dt,dt,dt) -> dt5
rm(dt)   #dt 不用了，移除掉节省空间
```

现在，在 dt5 变量中我们存了一个很大的表格。究竟有多大？我们来看看。

```
dt5 %>%

  object.size() %>%

  print(unit = "auto")
```

大小为九百多兆，我们就以这个表格来做演示。现在，我们必须问一个问题：data.table 什么时候快？根据官方文档的介绍，它快的时候有以下两种情况。

（1）有二分法搜索算法的加持，在使用涉及 == 和 %in% 的筛选操作时（即 dplyr::filter），data.table 会非常快。据说这个筛选操作还会继续优化，以后包括 <、>= 等其他操作也会变得更快，不过这还在开发过程中。

（2）凡是涉及分组计算时，data.table 非常快。也就是说，如果需要用到 filter 和 group_by 的时候，我们可以转到 data.table 中操作。其他的时候，还是尽量享受 tidyverse "无微不至的关怀" 吧。基本原则是永远使用 tidyverse 生态系统，这样会有更多便利的工具能够联合使用。但是当你的程序因为速度卡在一个地方的时候，可以用 data.table。现在我们提出需求：我们想要在之前生成的 dt5 表格中得到两个新列，一个是 Integer 和 Real 两者之和（新的列名称为 sum），另一个是 Integer 和 Real 两者乘积（新的列名称为 prod），然后根据 Logical、Integer 和 Factor 进行分组，求每个组有多少个记录，组内 Real 的中位数是多少，以及新生成的 sum 和 prod 的平均值是多少。我们可以迅速转化为 dplyr 的语言：

```
dt5 %>%

  mutate(sum = Integer + Real,prod = Integer * Real) %>%

  group_by(Logical,Integer,Factor) %>%

  summarise(n = n(),

            median = median(Real),

            sum_avg = mean(sum),

            prod_avg = mean(prod))
```

这个步骤需要多长时间？可以用 system.time 函数测一下：

```
system.time(dt5 %>%

  mutate(sum = Integer + Real,prod = Integer * Real) %>%

  group_by(Logical,Integer,Factor) %>%

  summarise(n = n(),

            median = median(Real),

            sum_avg = mean(sum),

            prod_avg = mean(prod)))
```

在笔者的计算机上，这个过程用了 13.50 秒。现在用混合编程法：

```
dt5 %>%
```

```
  mutate(sum = Integer + Real,prod = Integer * Real) %>%

  as.data.table() %>%

  .[,.(n = .N,

      median = median(Real),

          sum_avg = mean(sum),

          prod_avg = mean(prod)),

    by = .(Logical,Integer,Factor)] %>%

  as_tibble
```

　　首先我们需要知道，在管道操作中，. 指代前面管道求得的最终结果。因此在 as.data.table 之后
使用了 .，然后转化为 data.table 的操作模式 DT[i,j,by]。最后得到的结果仍然是一个数据框，因此
又转化为了 tibble：

```
system.time(dt5 %>%

  mutate(sum = Integer + Real,prod = Integer * Real) %>%

  as.data.table() %>%

  .[,.(n = .N,

      median = median(Real),

          sum_avg = mean(sum),

          prod_avg = mean(prod)),

    by = .(Logical,Integer,Factor)] %>%

  as_tibble)
```

　　这个操作过程用了 7.48 秒。不同计算机不同时候的相同操作，时间长短会有差距。不过 data.
table 的操作能够明显起到加速效果，这一点是不会改变的。数据量越大，这个加速效果就越显著。
这样，我们通过先转化为 data.table，然后采用 DT[i,j,by] 的操作来加速，再重新转化为 tibble 格式。
既没有破坏管道操作一步到底的操作，又获得了性能的提高，这就起到了可读性和计算性能上的一
个平衡作用。不过这种混合编程风格只是笔者在工作中的一种习惯，读者可以自行进行抉择。

　　其实如果能够深刻理解 data.table 的运行机制的话，完全用 data.table 也是不错的选择，只要块
代码的注释清晰即可。此外，经常混用的 data.table 和 dplyr 代码还有 fread() %>% as_tibble，这样
可以快速度得到一个 tibble。还有 dplyr 的 count 语句，本质是先分组后再对组内记录进行计数，这

个过程也是比较慢的，笔者会用 as.data.table %>% .[,.(n = .N),by = group_name] %>% as_tibble。其实还可以专门写一个计数的函数，代码如下：

```
my_count = function(df,...){
  dt <- as.data.table(df)
  dt[,.(n = .N),by = ...] %>% as_tibble()
}
```

这样，自定义的 count 函数 my_count 就会非常快，比 dplyr::count 要快得多。我们可以来试试，这次用 microbenchmark 包运行 5 次来测试一下。

```
p_load(microbenchmark)


microbenchmark(dt5 %>% count(Integer) -> a,

               dt5 %>% my_count(Integer) -> b,

               times = 5,unit = "s")


setequal(a,b)   #看看两者得到的效果是不是一样的
```

有时间的读者，可以把 times 不断提升，从而提高重复次数，或者用更大的数据集来尝试。

第 11 章

实战案例：网络爬虫与文本挖掘

网络爬虫又称为网络抓取，是一种按照一定规则自动从网上获取数据的一门技术。这门技术的兴盛来自人们对网络数据价值的认识。从商业智能的角度来看，很多商家对用户的评论信息非常关心，因为这些信息反映了消费者的诉求和对商品的切实体验。而一些从事学术研究的工作者，也可以从爬虫技术中受益。目前开放的数据平台会提供 API 接口，让广大的学术研究者访问。

API 的全称是 Application Programming Interface，即应用程序编程接口，它是一些预先定义的函数，能够让外部人员申请访问内部的数据。但是要使用 API 访问数据平台的数据，还是需要具备一定的网络数据抓取基础，这样才能够高效获取由平台提供的数据服务。网络爬虫的知识基础是计算机科学的网络技术，研究到最深处可以从事网络安全方面的技术开发工作，而一般的数据分析工作者也需要对最基本的网络抓取进行了解，从而便利地从网上抓取自己需要的数据。

文本挖掘，即文本数据挖掘，又被称为文本分析，是从文本中提取高质量信息的过程。这个概念很容易与自然语言处理混淆，因为两者之间共通之处非常多。

自然语言处理是计算机科学的一个分支，主要探讨如何让计算机来理解人类语言；而文本挖掘则专注于如何从文本信息（字符串）中提取有用的信息。可以这样理解：文本挖掘的深层机制是自然语言处理，自然语言处理的应用层是文本挖掘，两者在一些场景中可以画等号。文本挖掘范畴下包含的技术有自动分词、文本摘要、关键词提取、词性标注和命名实体识别等。作为数据分析的从业者和学术研究者，难免会在研究或工作中碰上文本格式的数据，因此需要对文本挖掘的基本概念有所理解，从而把文本信息转化为自己需要的特征信息，挖掘其中的价值。

网络爬虫和文本挖掘各自都是数据科学中的大分支，从工程角度看，对应到现实中的岗位分别是爬虫工程师和自然语言处理算法工程师。做网络爬虫与文本挖掘方面的工作，依然是在与数据打交道，与数据打交道就不可能脱离我们讲的高效数据处理技术。因此本例中，我们会用非常简单的爬虫技术来爬取 CRAN(The Comprehensive R Archive Network) 官网上关于 R 语言包的信息，然后整理成表格，这个步骤就是把非结构化的数据结构化的过程。随后，我们会对这些信息进行简单的文本挖掘，从而让大家了解并学习如何在 R 中高效处理文本信息。

11.1 网络爬取（rvest）

这里，我们还原一个真实的网络爬取场景。我们的任务是爬取 CRAN 上的 package 信息，也就是我们想知道 CRAN 都有什么包，有多少，它们都是用来做什么的，这是一个非常有意思的任务。

首先，在 https://cran.r-project.org/web/packages/available_packages_by_date.html 网站上爬取 CRAN 安装包发布的信息。它本身就是一个表格，包括以下 3 列。

（1）Date，表示发布的日期。注意安装包可以有多个发布日期，因为经过修改之后可以发布很多次。

（2）Package，表示发布的包的名称。

（3）Title，是一个标题，描述了包的功能作用。

这个网页随着时间的变化一直改变，因此图 11-1 只是一个格式的样例。

Available CRAN Packages By Date of Publication		
Date	Package	Title
2019-01-17	colourvalues	Assigns Colours to Values
2019-01-17	DSAIRM	Dynamical Systems Approach to Immune Response Modeling
2019-01-17	future.apply	Apply Function to Elements in Parallel using Futures
2019-01-17	glmnetUtils	Utilities for 'Glmnet'
2019-01-17	StepReg	Stepwise Regression Analysis
2019-01-16	activity	Animal Activity Statistics
2019-01-16	apollo	Tools for Estimating Discrete Choice Models
2019-01-16	arsenal	An Arsenal of 'R' Functions for Large-Scale Statistical Summaries
2019-01-16	basefun	Infrastructure for Computing with Basis Functions

图 11-1　R 语言安装包发布页

要完成这个任务，需要用到 Hadley Wickham 写的 rvest 包。在笔者做这个案例时，rvest 包是 0.3.2 版本，上一次的发布日期是 2016 年 6 月 17 日，也就是说很久没有维护了。不过这个包的函数非常友好，因此在 R 语言用户中被广泛使用，是我们入门爬静态网页的利器。如果需要更加高级的应用，可以去了解 httr 包和 curl 包，它们会基于更加深入的网络技术完成更加丰富多样的功能。

爬虫的第一步，就是要把网上的信息完全载入自己的计算机中。对于 HTML 格式的文件，我们可以利用 rvest 包的 read_html 函数来进行解析读取，然后存放在变量中。下面把图 11-1 所示的内容先导入 R 的环境中：

```
library(pacman)

p_load(rvest,tidyverse)
```

```
#下面这个代码运行时间可能会比较长

read_html("https://cran.r-project.org/web/packages/available_packages_by_
date.html") -> webpage
```

现在，整个网页的信息就保存在 webpage 变量中。我们需要把这些信息转化为表格形式，如果不嫌解析时间长，rvest 提供了 html_table 函数，能够帮助大家简单地提取表格数据。不过这个函数返回的是一个列表，如果网页中有多个表格，它会返回一个由多个数据框构成的列表，可以根据列表信息来提取自己需要的数据框。本例中只有一个大表格，因此直接提取列表第一个元素即可，操作方法如下：

```
#下面的代码可能耗时比较长

webpage %>%

  html_table() -> webtable    #把 html 文件中的表格解析提取出来


webtable %>%

  .[[1]] %>%                   #提取列表第一个元素

  as_tibble() -> wtable        #转化为 tibble 格式
```

wtable 就是我们想要的数据框了，但是这个方法需要的时间比较长，如果想要更快地提取这些信息，可以利用提取节点内容的办法，要使用这个方法，首先要对 HTML 格式的数据结构有一定的了解。下面来简单介绍一下。

整个 html 文件大致的树形数据结构如下（可以通过审查元素或查看网页源码来找到这个信息）：

```
<html>

  <head>...</head>

  <body>

  <h1>Available CRAN Packages By Date of Publication</h1>

  <table>

   <tr>...</tr>

    <th>Date</th>

    <th>Package</th>

    <th>Title</th>
```

```
    <tr>...</tr>

    <tr>...</tr>

    ...

    </table>

  </body>

</html>
```

可以看出，每一个模块都是以 <module_name> 开头，以 </module> 结束。而我们的数据其实就藏在 <table> 模块下的 <tr> 中。而 <tr> 中又包含了 3 个 <th> 模块，分别放有日期、包名称、包题目 3 个数据。可以看出来，一个 <tr> 就是一行，而 <th> 就是一行中 3 列的内容。现在，我们用 xpath 来抓取这 3 列，步骤如下。

（1）抓取 tr 模块的第一个 td，存为日期。

（2）抓取 tr 模块的第二个 td，存为名称。

（3）抓取 tr 模块的第三个 td，存为题目。

抓取的时候，用 html_nodes 得到节点之后，还需要用 html_text 函数才能够直接提取其中的文本：

```
webpage %>%

  html_nodes(xpath = "//tr/td[1]") %>%

  html_text() -> released_dates


webpage %>%

  html_nodes(xpath = "//tr/td[2]") %>%

  html_text() -> package_name


webpage %>%

  html_nodes(xpath = "//tr/td[3]") %>%

  html_text() -> package_title
```

上面得到的 3 个变量都是向量，现在把它们合并成一个数据框：

```
tibble(Date = released_dates,
```

```
      Package = package_name,

      Title = package_title) -> wtable2
```

可以输入 wtable2 来看一下内容，我们发现这个数据框与先前得到的 wtable 基本相似，但是每个字符内容的两边都多了一个空格。要消除这些空格，可以使用 stringr 包的 str_trim 函数：

```
wtable2 %>%

  mutate_if(is.character,str_trim) -> wtable3
```

mutate_if 会先对列进行条件判断，如果符合 is.character 的条件（也就是能够返回 TRUE 的逻辑值），那么会执行后面 str_trim 这个函数（去除字符串两端的空格）。这样我们就得到了与 wtable 一样的结果，大家可以用函数 setequal 函数亲自验证一下：

```
setequal(wtable,wtable3)
```

⌈11.2⌋　文本挖掘（tidytext）

现在我们已经成功爬取了 R 语言安装包的数据，并且经过整理把数据转化为结构化的数据框。我们知道 wtable 中所有列变量的格式都是字符型的，我们现在从这些字符型的数据中挖掘出有价值的信息。

第一列是日期信息，可以通过这个信息来获知不同时间段中 R 包发布的活跃程度。这个数据是每天都有的，我希望统计每年包的发布状况，因此需要提取每条记录的年、月、日信息，然后按照年进行分组统计：

```
wtable %>%

  separate(Date,into = c("year","month","day")) %>%    #拆分年、月、日

  count(year) %>%              #根据年、月分组计数

  filter(year <= 2018) %>%   #只统计 2018 年之前的情况

  arrange(year) -> annual_release     #根据年、月进行升序排列并赋值给 monthly_re-
                                      lease 变量
```

我们用 ggplot2 来做一个简单的可视化（图 11-2）：

```
annual_release %>%

  ggplot(aes(year,n)) +

  geom_bar(stat = "identity")
```

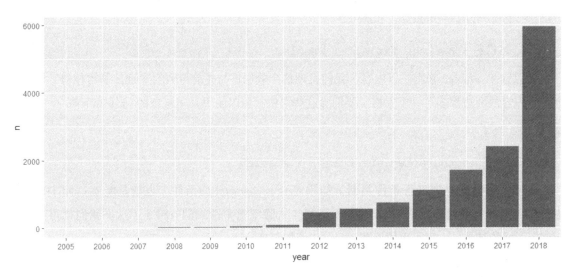

图 11-2　R 包发布次数统计可视化

通过图 11-2 可以看出，R 语言包发布的数量呈逐年递增的态势。

下面来完成一个相对困难一些的任务，wtable 中有关于包功能的描述（Title），现在我们想知道 R 语言包的开发者都在关心什么问题，所以对 Title 列进行文本挖掘。我们知道里面全部都是文本信息，因此需要先进行分词，然后再对词频进行统计。分词的实际功能就是，字符串"我来自复旦大学"分词后得到一个向量，包括的信息为"我""来自""复旦大学"。不过英文的分词与中文不同，英文每个单词之间都有空格，因此可以直接利用空格进行划分。这里我们使用 tidytext 包进行分词，然后进行计数。注意，这里去除了停止词，这些词就像中文中的"了""的"一样，不提供信息，因此需要去掉。tidytext 自带了英文停止词数据集，因此可以用 anti_join 函数直接对这些词进行去除：

```
p_load(tidytext)


# 对 Title 列进行分词，输出后结果列名称为 word
wtable %>%
  select(Title) %>%        #我们只需要 Title 列，因此单独提取出来
  unnest_tokens(output = word,    #输出列名称
                input = Title,    #输入列名称
                token = "words") %>%   #提取规则为提取单词
  anti_join(stop_words)-> unigram_word    #去除停止词
```

现在，我们可以对这些词进行计数，并绘制词云进行可视化展示。因为单词非常多，所以只选取出现次数最多的 100 个单词进行展示（图 11-3）：

```
p_load(wordcloud2)


unigram_word %>%

    count(word) %>%          #词频计数

    top_n(100) %>%           #选取词频最大的前 100 个单词进行展示

    wordcloud2()             #绘制词云图
```

图 11-3　词云图

可以发现，R 语言包主要解决的问题就是数据分析问题，包括各种统计模型方法。

实战案例：数据塑型与可视化（ggplot2）

R 语言具有强大的数据可视化功能，能够提供多样的绘图种类，并对图中的各种细节进行调整。数据可视化本身是一门学问，在 R 语言及 ggplot2 的软件包的协助下，科研工作者和从业人员甚至能够通过直接"复制粘贴"代码来重复他人优秀的可视化结果。然而，代码可以复制粘贴，但是数据本身却不相同，因此用户必须把自己的数据整理成合适的格式，才能够直接套用前人的代码，并在此基础上做自己的调整。因此，数据塑性与可视化是密不可分的，本章将用几个例子来展示这两者结合的过程。

作为最热门的数据科学实现语言，R 语言与 Python 语言各有优势。但是当我们打开维基百科查询的时候，可以看看两种语言的"官方定义"。我们不妨比较一下两个词条第一个概括性的句子。

- Python is an interpreted, high-level, general-purpose programming language.
- R is a programming language and free software environment for statistical computing and graphics supported by the R Foundation for Statistical Computing.

首先我们可以发现，描述 Python 的句子更短，描述 R 的句子更长。Python 被定义为一种解释性、高层次和具有普适性的编程语言，有人将它称为"胶水语言"，也就是"万金油"。乍看这个概念，我们很难想象它具体是用来做什么的，事实上它能够完成的任务太多了，因此这样描述反而更加合适。

而 R 语言则专注于两个方面，即统计计算和图像绘制。事实上，R 语言的绘图系统是非常丰富的，其功能可以超越一般的商用绘图软件。图像可以让行业内外的人士直观地理解数据背后的价值，是数据科学家与业务人员或决策者交流的重要媒介。俗话说，"一图胜千言"，如果能够掌握一套数据可视化的框架，那么在往后的工作或学习中都能够更加如鱼得水地展示自己的数据成果。R 语言的数据可视化功能非常丰富，比较突出的就是 Hadley Wickham 所写的 ggplot2 包。它天然地包含在 tidyverse 生态系统中，能够与 dplyr 等其他包无缝结合。如果你已经非常熟悉 dplyr 包的使用，那么几乎可以毫不费力地通过大量地复制、粘贴代码来完成高质量的绘图。网上很多代码都是现成的，很多时候只需要修改部分参数，就能够得到高质量的图。笔者因为科学研究需要，曾经深入学习过数据可视化的一些概念和实现过程，个人的建议如下。

（1）尽管 ggplot2 非常简单，但是前期必须要了解如何对数据进行整理，这是非常重要的。事实上，在 Winston Chang 编写的 *R Graphics Cookbook*（中文版为《R 数据可视化手册》）中，专门用一个章节来讲数据塑型。能够让数据图像化的函数大多相似，但我们手头的数据总是千奇百怪。要把千奇百怪的数据整理成统一的样式，从而让绘图函数顺利读入并生成高质量的图像，这个步骤至关重要。而这个塑型的过程，正是本书所强调的高效数据处理的过程。

（2）作为单纯的应用者，不需要仔细地阅读任何一本讲数据可视化的图书，除非它只有寥寥数页。笔者从来没有系统学习过一本数据可视化的书，但是却买了不少可视化的参考书。一些网上的帖子动辄直接翻译函数的帮助文档，但是对函数各种参数调节的微妙之处却疏于介绍，这样对读者而言其实是学不到东西的。最好的例子就是代码，简洁的几行代码告诉大家如何能够完成一个简单的任务，然后在此基础之上有特殊需求再对函数的参数进行调节，从而获得丰富的功能。关于 R 语言数据可视化的核心内容即语法框架，在本章中就能够掌握。至于未来的深化，则需要根据个人实际需求和兴趣不断进行拓展学习。

（3）浏览尽量多的图，并尝试了解图后面的数据结构。如果是做学术研究，建议经常去看别人论文中的图，然后去思考这个图背后的数据是什么样子的。同时，如果你看到了一个表格，也可以思考这些表格的数据能够做什么样的图。如果是做业务数据分析，同样多看别人做的报表和数据展示，尝试去理解背后的数据结构和业务逻辑。要相信一点，从来没有 R 做不出来的图，只有自身想不到的图。如果学习了很多表达方法及其背后的数据逻辑，那么把它做出来就只是时间问题了。

（4）提高自身的审美能力，能够辨别什么图是好看的，好在哪里。数据可视化不仅是一门技术，还是一门艺术。如何来对图中不同的元素进行编排，本身就是一门学问。如何配色？如何使用不同的符号？如何在黑白的背景中突出你想要说明的问题？这些都是值得思考的问题。在看其他人做的图时，你可以明显感觉一些图做得特别出色，这都不是偶然的，而是绘图人经过深思熟虑后认真布置，得到的成果。能够区分好看的图和一般的图，并知道原因，才能使自己在将来绘制更加优秀的图形，更好地表达自己的数据。

基于第一个理由，我们会结合数据塑型来展示 R 语言进行数据可视化的基本方法。曾经有一个业务人员讲，他们提供的仪表盘（dashboard）展示的图形大体用柱状图、折线图和饼图就能够直观地给客户提供应有的信息了。这 3 种图形确实是很常见的图形表达，非常适合入门讲解，因此本章会利用之前爬虫获得的数据来做这 3 种可视化实现。不过这次不需要爬取，可以直接从笔者的GitHub 上下载获得，网址为 https://github.com/hope-data-science/R_ETL/blob/master/wtable.csv。

12.1　数据准备

在进行可视化分析之前，先导入数据，并对数据进行观察：

```
library(pacman)

p_load(tidyverse,rio)


#读入数据之前，把路径设为文件所在的文件夹

import("wtable.csv") %>%

  filter(!str_detect(Date,"^2019")) %>%

  as_tibble() -> wtable
```

我们知道，每一条记录包含 3 列，分别是包的发布日期、包的名称和包功能的介绍。下面我们希望对每年发表 R 包的数量进行展示，我们可以使用柱状图、折线图和饼图来展示，但是在此之前，需要先对数据进行整理。我们得到的数据有两列，一列为年份，另一列为包发布的数量：

```
wtable %>%

  separate(Date,into = c("year","month","day")) %>%    #拆分年、月、日

  count(year) %>%       #根据年、月分组计数

  arrange(year) -> annual_release     #根据年、月进行升序排列并赋值给 monthly_
                                        release 变量


annual_release
```

12.2　柱状图（geom_bar）

柱状图突出的是不同的组别之间大小的比较。柱状图的绘制极其简单，只要把 x 轴设为年份 year，y 轴设为发布包的频数 n 即可。因为要绘制的是柱状图，所以需要在后面加上 geom_bar 函数，并声明 stat =“identity”即可（结果见图 12-1）：

```
annual_release %>%

  ggplot(aes(x = year,y = n)) +

  geom_bar(stat = "identity")
```

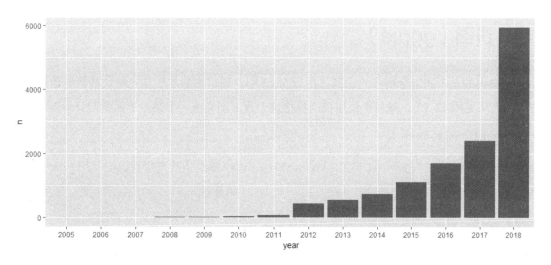

图 12-1　柱状图展示

12.3　折线图（geom_line）

折线图突出的是随着时间的变化另一个变量是如何发生改变的。数据背后的逻辑是一样的，因此只需要更改最后的 geom_bar 函数为 geom_line 函数即可（结果见图 12-2）。需要特别注意的是，折线图是随着时间变化的，因此年份应该设置为数值型变量，这样才能够正确绘图。

```
annual_release %>%
    ggplot(aes(x = as.numeric(year),y = n)) +
    geom_line()
```

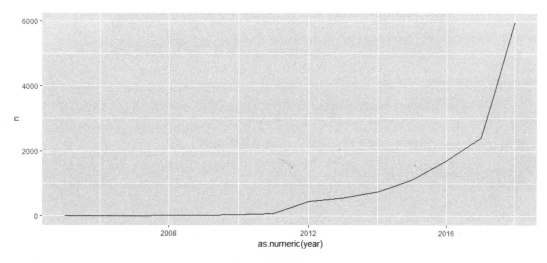

图 12-2　折线图展示

12.4 饼图（ggpie）

饼图突出的是不同组分所占的比例。在 ggplot2 中，画饼图的本质是先把这些数据绘制成堆积直方图（结果见图 12-3），然后再使用极坐标把这个直方图卷成一个饼。下面我们分步展示：

```
p <- annual_release %>%

  ggplot(aes(x = "",y = n, fill = year)) +      #x 轴设定为空字符，而使用 year 作为分
                                                 组变量

  geom_bar(stat = "identity") +

  scale_fill_grey()+   #变成黑白色系

  theme_minimal()   #使用简约的背景


p
```

图 12-3　堆积直方图展示

使用 coord_polar 函数对 y 轴进行"卷饼"（结果见图 12-4）：

```
p + coord_polar("y")
```

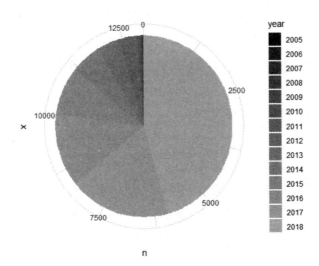

图 12-4 "卷饼"图展示

尽管原理是这样的，但是这种图形还是无法让人满意，因为它的坐标轴刻度都还标在四周。其实已经有很多现成的包能够做出很好的饼图，如 ggpubr 包，我们演示一下如何用 ggpubr 包绘制高质量的饼图（结果见图 12-5）：

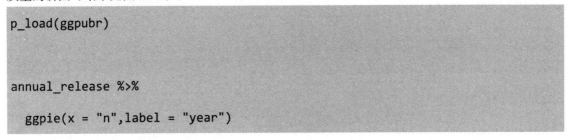

```
p_load(ggpubr)


annual_release %>%

    ggpie(x = "n",label = "year")
```

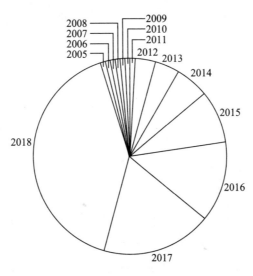

图 12-5 饼图展示

更多功能可以去查询 ggpie 函数的参数设置，但是我们可以看到这个图依然比较"丑"。很多人认为饼图不是一种好的可视化方式，特别是在少数类别比较多的时候。应该把少数类归并，然后最终只剩下 2 ~ 5 类时，使用饼图比较直观。类别太多时，饼图并不是首选的可视化方法。

12.5 一行代码实现一页多图（gridExtra）

本节适合高级用户学习，如果基础尚不扎实，建议先跳过这部分内容。做探索性数据分析的时候，想要对因子变量进行可视化，就要对每个因子出现的次数进行计数，然后用直方图画出来。因此很多时候，要可视化，往往非常费劲。为了解决这个问题，笔者曾经写了一段代码，它能够把数据框中所有的字符型和整型的变量转化为因子变量，然后进行直方图可视化。下面将一步一步讲解这些代码，让大家体会 tidyverse 生态系统强大的数据塑型能力。

首先载入数据，这个数据在 GitHub 主页中，网址为 https://github.com/hope-data-science/R_ETL/blob/master/titanic.csv。我们先进行数据准备工作：

```
library(pacman)

p_load(tidyverse,rio)


import("titanic.csv") %>%

  as_tibble()%>%

  mutate(Cabin=str_sub(Cabin,end=1))-> train   #关于舱位的信息，只需要知道开头字
                                                母即可



train
```

这是泰坦尼克号幸存者分析的数据集，本例中因旅客姓名、乘客编号和船票号码这些信息不重要，因此先删除这些列：

```
train %>%

  select(-Name,-PassengerId,-Ticket)
```

注意，这里并没有把这个数据直接存在变量中，因为这会额外占用内存。只需要不断使用管道操作符 %>%，就可以层层递进地编写代码，从而使用一行代码就完成整个操作。下面希望筛选出整数变量和字符型的变量，因为这些变量都能够被视为因子变量。整数之所以能够被视为因子变量，

这是数据本身决定的。如船舱类型是整数变量，但是其实它分为 1、2、3 三种船舱类型，可以视为是因子变量。我们用 select_if 函数来筛选特定的列，只要满足是整数类型或字符型即可：

```
train %>%
  select(-Name,-PassengerId,-Ticket) %>%
  select_if(funs(is.integer(.)|is.character(.)))
```

　　然后，需要把所有的变量都转化为因子变量：

```
train %>%
  select(-Name,-PassengerId,-Ticket) %>%
  select_if(funs(is.integer(.)|is.character(.))) %>%
  as_factor()
```

　　下面需要变形了。我们知道 ggplot2 的 aes 函数在绘制柱状图的时候只接受两列，一个就是横坐标的项目类型，另一个是纵坐标表示每个项目有多少个。我们现在要统计的就是每个因子有多少个，那么就需要先把数据转化为"长数据"：

```
train %>%
  select(-Name,-PassengerId,-Ticket) %>%
  select_if(funs(is.integer(.)|is.character(.))) %>%
  as_factor() %>%
  gather(key='key',value='value')
```

　　把数据转化为长数据之后，需要对每个类型进行计数：

```
train %>%
  select(-Name,-PassengerId,-Ticket) %>%
  select_if(funs(is.integer(.)|is.character(.))) %>%
  as_factor() %>%
  gather(key='key',value='value') %>%
  count(key,value)
```

　　计数完毕后，需要对 value 列存在缺失值的记录进行删除：

```
train %>%
```

```
select(-Name,-PassengerId,-Ticket) %>%

select_if(funs(is.integer(.)|is.character(.))) %>%

as_factor() %>%

gather(key='key',value='value') %>%

count(key,value) %>%

drop_na(value)
```

目前这个表格可以分为 3 列，分别是 key、value 和 n。如果要绘制直方图，value 就在 x 轴上，n 在 y 轴上，根据 key 分为不同的图片。因此我们按照 key 进行分组，不过分组之后 key 会自动消失，因此需要做一个备份然后再分组：

```
train %>%

  select(-Name,-PassengerId,-Ticket) %>%

  select_if(funs(is.integer(.)|is.character(.))) %>%

  as_factor() %>%

  gather(key='key',value='value') %>%

  count(key,value) %>%

  drop_na(value) %>%

  mutate(key_copy=key) %>%              #补一列标签，以便于图片加标题

  group_by(key)                         #按照 key 进行分组，即根据不同的变量进行分组
```

下面要进行一波高端操作，就是根据 key 来进行分组，每一个分组中包含一个数据框：

```
train %>%

  select(-Name,-PassengerId,-Ticket) %>%

  select_if(funs(is.integer(.)|is.character(.))) %>%

  as_factor() %>%

  gather(key='key',value='value') %>%

  count(key,value) %>%

  drop_na(value) %>%
```

```
mutate(key_copy=key) %>%

group_by(key) %>%

nest()
```

　　从结果中可以看到，得到的数据框有两列。第一列是 key，代表了我们要对什么内容进行统计。第二列则包含了一个列表类型，每个元素都是数据框。也许你会好奇这些数据框究竟装了什么，我们可以查看一下。

```
train %>%

  select(-Name,-PassengerId,-Ticket) %>%

  select_if(funs(is.integer(.)|is.character(.))) %>%

  as_factor() %>%

  gather(key='key',value='value') %>%

  count(key,value) %>%

  drop_na(value) %>%

  mutate(key_copy=key) %>%

  group_by(key) %>%

  nest() %>%

  pull(data) %>%      # 提取出 data 列的数据

  .[[1]]              # 查看这些数据的第一个
```

　　如果操作正确的话，你会看到 Cabin 的数据框，也就是包含了不同舱位分别有多少个的数据。有了这个数据框之后，我们现在需要对每一个子数据框进行绘图。也就是针对上面显示出来的每一个子数据框，我们需要对其设置一个通用的函数，让它能够转化为一个柱状图。这需要额外编写函数，内容如下：

```
make_bar=function(df)

{

  ggplot(df,aes(x=value,y=n,fill=value)) +

    geom_bar(stat="identity", position="dodge") +

    ggtitle(df$key_copy) +
```

```
  theme(plot.title=element_text(size=rel(1.5), lineheight=.9,

   face="bold.italic", colour="red")) +

  guides(fill=F) +            #移除图例

  labs(x=NULL,y=NULL)        #移除坐标轴标签

}
```

这里不展开函数的细节，make_bar 函数的功能就是对于任意一个子数据框，都能够生成一个 ggplot2 的柱状图。我们根据 data 列，要对每一个数据框做一个 ggplot2 的图，并存在一个新的列中（是不是很神奇）：

```
train %>%

  select(-Name,-PassengerId,-Ticket) %>%

  select_if(funs(is.integer(.)|is.character(.))) %>%

  as_factor() %>%

  gather(key='key',value='value') %>%

  count(key,value) %>%

  drop_na(value) %>%

  mutate(key_copy=key) %>%

  group_by(key) %>%

  nest() %>%

  mutate(gplot=map(data,make_bar))
```

这里用到了 map 函数，它可以对 data 列表中进行统一的函数处理，然后再返回一个列表。这里我们对 data 这个列表类型进行了 make_bar 函数的转换，得到了一个新的列表 gplot，里面装的是 7 个 ggplot2 生成的图形。如果你迫不及待想看其中一个，让我们把其中第一个图单独提取出来：

```
train %>%

  select(-Name,-PassengerId,-Ticket) %>%

  select_if(funs(is.integer(.)|is.character(.))) %>%

  as_factor() %>%

  gather(key='key',value='value') %>%
```

```
count(key,value) %>%

drop_na(value) %>%

mutate(key_copy=key) %>%

group_by(key) %>%

nest() %>%

mutate(gplot=map(data,make_bar)) %>%

pull(gplot) %>%    # 提取 gplot 列

.[[1]]        # 观察第一个元素
```

这样我们就可以看到 Cabin 显示的图形。不过这样还不够，我们要同时展示所有的图，那么就需要用到 gridExtra 包了。这个包有一个 grid.arrange 函数，能够实现一页多图的功能。我们现在有 7 个图，因此需要安排 7 个位置：

```
p_load(gridExtra)


train %>%

  select(-Name,-PassengerId,-Ticket) %>%

  select_if(funs(is.integer(.)|is.character(.))) %>%

  as_factor() %>%

  gather(key='key',value='value') %>%

  count(key,value) %>%

  drop_na(value) %>%

  mutate(key_copy=key) %>%

  group_by(key) %>%

  nest() %>%

  mutate(gplot=map(data,make_bar)) %>%

  grid.arrange(grobs=.$gplot,
```

```
layout_matrix=rbind(c(1,1,2),c(3,4,5),c(6,6,7)))   #把多图同时展示
```

其中，layout_matrix 参数可以帮助我们设置图形的布局。我们设置了 3×3 的矩阵，那么就相当于把整个画布切割为 3×3 的矩阵。其中矩阵的左上两个方块分配给第 1 幅图，右下方块分配给第 7 幅图（结果见图 12-6）。

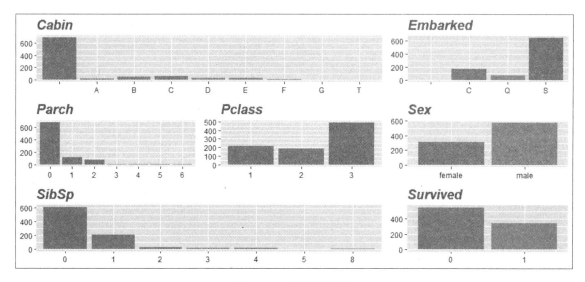

图 12-6　一页多图展示

这样，我们仅用一行代码和一个函数，就把一个数据框所有的因子变量都提取出来，计数统计并绘制为直方图了。这个例子也让我们对管道操作有了更加深刻的认识：它可以大大减少代码量，也减少了占用的内存。如果按照每个操作都赋值的话，上面每个 %>% 都要给一个新的变量进行赋值，然后继续往下写，每个变量也会额外占用新的内存。不过需要注意的是，如果其中的一个步骤非常消耗时间，建议在这个时候完成一次赋值，下一步接着这个赋值变量继续做，否则每次运行程序都要等很久。

第13章

实战案例：机器学习

人工智能时代，学术界、工业界都希望能够利用积累的数据进行深入挖掘，从而发现新的知识。机器学习是进行知识发现的重要手段，而我们在本书中使用的 R 语言，是最适合用来做机器学习的计算机语言之一。因此，本章将对机器学习进行简要的介绍，并用一个实际的案例来讲述机器学习在具体场景中的应用。

13.1 机器学习概述

如果要了解机器学习是什么，首先要知道人类学习的时候在学什么。学习就是通过思考、研究、阅读等途径获得知识或技能的过程，有了这些知识，在遇到新的问题时就能够从容应对。人类之所以能够超越其他动物成为食物链的最顶端，很大程度上是因为人类擅长计算和思考，而计算机的出现，将人类从繁冗的计算过程中解放出来。机器学习是一门多领域交叉学科，专门研究计算机如何模拟和实现人类的学习行为，以获得新的知识和技能。例如，人类可以通过学习中英文的对应关系，从而对两种文字进行相互翻译。现在机器也能够做到这一点，甚至比人类做得更好，这就是机器学习的威力。综上，机器学习就是利用计算机模拟人的学习行为，自动化地组织知识结构，不断改善自身性能。

13.2 为什么要做机器学习

为什么要做机器学习？需要从两方面回答这个问题：第一，为什么要学习；第二，为什么要用机器来学习？

为什么要学习？这好像不是一个技术性的问题，更像是一个哲学问题。但是要想学好机器学习，搞懂这些根本问题是有必要的，笔者试图用最直观的思考来回答这个问题。学习的理由就是走过的弯路不能白走。这个世界上很少有人能够在第一次就成功完成所有事情，恰恰相反，大部分人是在多次失败之后才能顺利地完成任务，而从第一次失败到最后一次成功的过程，就是学习。善于总结的人被认为具有更强的学习能力，他们能够从自己和别人的失败中汲取教训，因此当有新的机遇出现时，能够很好地把握住。虽然偶然成功了，但如果不去总结成功的原因，那么在下一次机遇来临之时可能就无法抓住。学习的过程就是试错的过程，不断总结、提炼，并从中获得新知识，应对未来的挑战。

为什么要用机器来学习呢？因为机器与人相比具有自身的优越性。机器不会疲惫，工作效率高，出错的概率更小。更重要的是，在数据密集型的探索中，机器能够同时处理大规模的数据，如果这要用人工进行计算是无法想象的。也正是因为有了机器，很多统计方法才能够得到应用，如蒙特卡罗模拟。有了机器学习，我们就能够更加顺利地利用过往的历史数据来建立模型，从而更加了解事物之间的联系，并对未来的情况做出精准的预测。

13.3 如何入门机器学习

在入门机器学习之前，我们必须问自己，为什么要学机器学习。学会了之后，我们究竟想做什么？究竟是做一个算法开发者还是工具的应用者？如果这些问题没想明白的话，学习过程将会非常"别扭"。

以笔者自己为例，笔者不是学习计算机或统计学出身的，而笔者广泛学习计算机和应用统计知识只是为了解决遇到的科学研究问题和业务问题，因此在学习机器学习算法时就会有所侧重。笔者关心的问题包括算法的输入是什么，输出是什么，算法的前提假设是什么，什么时候应该用这种算法，得到的结果如何解释，如何把这种算法运用到实际的业务场景或科学研究中，怎么用现有的计算机工具来对这种算法进行实现？相对来说，笔者不会纠结于算法的推理过程，因为即使真的看懂了这些算法的内部结构，也不会对实际运用有太大的帮助。有的时候会"挖"一下算法的机制，那仅仅是因为函数参数的设置必须要对这个算法有一定的认识才能够操作。而R语言之所以如此成功，就是因为它让众多不懂算法深层推导的用户也能够轻而易举地利用这些工具来构建自己的模型。这样一来，数据分析的门槛大大降低，而它的价值也能够在最大限度上被发挥出来，应用到各行各业。

那么机器学习的原理就不重要了吗？当然不是。入门阶段我们也许能够先侧重表层的应用，但是将来在实际应用中，当遇到一些现成算法无法解决的问题时，就需要慢慢对这些原理进行求索；要明白每一个函数用来干什么，它的参数是什么含义，最后不仅能够更改参数，甚至还能够通过更改别人的代码来实现新的算法，达到新的高度。

由表及里，这是比较推荐的入门过程。如果你的专业就是计算机或者统计学，而且本身就专注于某一算法的研究，那么推导对于你来说就至关重要了。很多人认为，不用那么麻烦，可以直接调用现成的包来完成任务，但是如果大家都是拿来即用的心态，那谁来写包呢？正是一些专注于某一领域的专家不断地钻研，并把自己的成果无私分享给社区，才促成了机器学习领域的极速发展。如何入门机器学习的问题，针对不同人的不同情况，没有统一的答案。不过，在入门机器学习之前，最好对自己有一个清晰的定位，这样才能够少走弯路。

13.4　数据处理与机器学习

机器学习并不是本书的讨论范围，之所以在实践案例中提到，因为它本身在学术界和工业界中都有广泛的应用，而要做机器学习，也不可能脱离本书介绍的数据处理技术。进行机器学习，需要先明确问题，然后理解数据，再对数据进行预处理。这个预处理的过程包括特征构建、变量筛选、缺失值插补等。这些处理包含了很多学问，而在实现上还是需要用到数据处理方法，所以本章中会模拟一个信贷风险的案例，从而带大家熟悉一下机器学习的基本流程。在这个过程中，你将了解机器学习的基本套路，并获知如何利用学到的数据处理方法来实现机器学习。

13.5　案例分析：信贷风险预测模型构建

本案例的基本业务场景是利用用户的信息来预测他们是否会违约。数据一共包含 1 万行，201 列，其中 user_id 为用户的唯一标识号，y 为响应变量，代表是否违约（1 表示违约，0 表示没有违约）。所有解释变量都以 "X_" 作为前缀，都是数值变量（有的是整数型，有的是浮点型，即带小数点的双精度数值型变量）。数据可以在 https://github.com/hope-data-science/R_ETL/blob/master/risk.csv 中下载获得。下面先加载安装包并载入数据：

```
library(pacman)

p_load(tidyverse,caret,data.table,scorecard)


fread("./risk.csv") %>%

  as_tibble() -> risk_raw
```

数据一共包含 201 列，因此做描述性分析也是无法一个一个来审查的。如果要解决业务问题，就必须先对数据进行降维，也就是筛选出我们认为重要的变量。首先，我们不需要用户的 ID 号码。我们也不需要缺失值太多的变量，我们把缺失比例多于 30% 的变量全部删除，然后用 na.omit 函数去除所有包含缺失值的记录。此外，我们还需要把 "近零方差变量" 删掉。这些变量的方差接近于 0，那么它们相当于一个常数项，无法对建模提供帮助。

```
risk_raw %>%

  select(-user_id) %>%    # 去除用户 ID

  select(-which(colMeans(is.na(.)) >= 0.3)) %>%   # 去除缺失率大于 30% 的变量
```

```
    na.omit %>%     #去除包含缺失值的记录

    select(-nearZeroVar(.))-> risk   #去除近零方差变量


risk


## # A tibble: 6,687 x 85

##        y x_001 x_002 x_003 x_004 x_014 x_016 x_018 x_020 x_021 x_024 x_025

##    <int> <int> <int> <int> <int> <int> <int> <int> <int> <int> <int> <int>

## 1      0     0    25     0     0     0     0     0     5     7     1     1

## 2      1     0    32     0     1     1     0     1     2     5     0     2

## 3      0     0    29     0     1     1     1     1     6     4     2     2

## 4      0     0    31     1     0     1     0     1     5     2     0     2

## 5      0     1    42     0     0     0     0     0     5     4     0     3

## 6      1     1    43     0     0     1     1     1     1     2     0     0

## 7      0     0    37     0     0     0     0     0     3     1     0     2

## 8      0     0    28     0     0     1     1     1     2     3     0     0

## 9      1     0    46     1     0     0     0     0     8     7     0     6

## 10     1     0    38     0     0     1     0     1     3     5     0     2

## # ... with 6,677 more rows, and 73 more variables: x_026 <int>,

## #   x_027 <int>, x_029 <int>, x_030 <int>, x_031 <int>, x_032 <int>,

## #   x_033 <int>, x_034 <int>, x_035 <int>, x_036 <int>, x_041 <int>,

## #   x_042 <int>, x_043 <dbl>, x_044 <dbl>, x_045 <dbl>, x_046 <dbl>,

## #   x_047 <dbl>, x_055 <int>, x_056 <int>, x_057 <dbl>, x_058 <dbl>,

## #   x_059 <dbl>, x_060 <dbl>, x_061 <dbl>, x_131 <dbl>, x_132 <int>,

## #   x_134 <int>, x_137 <int>, x_139 <int>, x_142 <int>, x_144 <int>,
```

```
## #   x_149 <int>, x_150 <int>, x_151 <int>, x_152 <int>, x_153 <int>,
## #   x_154 <int>, x_155 <int>, x_156 <int>, x_157 <int>, x_158 <int>,
## #   x_162 <int>, x_163 <int>, x_164 <int>, x_165 <int>, x_166 <int>,
## #   x_167 <int>, x_168 <int>, x_169 <int>, x_170 <int>, x_171 <int>,
## #   x_175 <int>, x_176 <int>, x_177 <int>, x_178 <int>, x_179 <int>,
## #   x_180 <int>, x_181 <int>, x_182 <int>, x_183 <int>, x_184 <int>,
## #   x_188 <int>, x_189 <int>, x_190 <int>, x_191 <int>, x_192 <int>,
## #   x_193 <int>, x_194 <int>, x_195 <int>, x_196 <int>, x_197 <int>,
## #   x_198 <int>, x_199 <int>
```

再来看 risk 表格，现在我们得到的是包含 6687 行 85 列的数据框，其中有一列为响应变量 y。85 列还是太多了，因为变量全部都是数值型的，我们需要清除一些存在共线性的变量，也就是说表格中的变量会存在相关性，从而影响建模。使用 caret 包的 findCorrelation 函数进行筛选，它能够找到一些与其他变量高度相关的变量，我们需要清除这些变量：

```
risk %>%
  select(- findCorrelation(cor(select(.,-y)))) -> risk_reduced

risk_reduced

## # A tibble: 6,687 x 58
##        y x_001 x_002 x_003 x_004 x_014 x_016 x_018 x_020 x_021 x_024 x_025
##    <int> <int> <int> <int> <int> <int> <int> <int> <int> <int> <int> <int>
## 1      0     0    25     0     0     0     0     0     5     7     1     1
## 2      1     0    32     0     1     1     0     1     2     5     0     2
## 3      0     0    29     0     1     1     1     1     6     4     2     2
## 4      0     0    31     1     0     1     0     1     5     2     0     2
```

```
## 5      0      1     42      0      0      0      0      0      5      4      0      3
## 6      1      1     43      0      0      1      1      1      1      2      0      0
## 7      0      0     37      0      0      0      0      0      3      1      0      2
## 8      0      0     28      0      0      1      1      1      2      3      0      0
## 9      1      0     46      1      0      0      0      0      8      7      0      6
## 10     1      0     38      0      0      1      0      1      3      5      0      2
## # ... with 6,677 more rows, and 46 more variables: x_026 <int>,
## #   x_027 <int>, x_029 <int>, x_030 <int>, x_031 <int>, x_032 <int>,
## #   x_033 <int>, x_034 <int>, x_035 <int>, x_041 <int>, x_042 <int>,
## #   x_043 <dbl>, x_044 <dbl>, x_046 <dbl>, x_057 <dbl>, x_060 <dbl>,
## #   x_061 <dbl>, x_131 <dbl>, x_132 <int>, x_134 <int>, x_137 <int>,
## #   x_139 <int>, x_142 <int>, x_144 <int>, x_149 <int>, x_151 <int>,
## #   x_153 <int>, x_154 <int>, x_157 <int>, x_158 <int>, x_162 <int>,
## #   x_164 <int>, x_166 <int>, x_169 <int>, x_170 <int>, x_175 <int>,
## #   x_177 <int>, x_180 <int>, x_183 <int>, x_188 <int>, x_189 <int>,
## #   x_192 <int>, x_193 <int>, x_195 <int>, x_197 <int>, x_199 <int>
```

在得到的结果中，我们把变量减少为 58 列了（解释变量 57 列，响应变量 1 列）。这与原来 risk_raw 表格的 201 列变量相比，已经少了很多。下面我们使用 scorecard 包来训练模型，因为这个场景本质上是二分类的问题，可以使用逻辑回归进行处理。

数据进行预处理后，就需要做特征工程了，其涉及的内容非常多，足以再写一本书，且超出了本书的范围，因此我们用 scorecard 包来自动化整个流程。scorecard 包中有 var_filter 函数，能够再次对变量进行筛选，筛选准则包括缺失值比例、变量之间的相似程度和 IV 值（Information Value）。scorecard 包是基于 data.table 的，因此用 scorecard 包的函数以后，得到的结果都会以 data.table 的格式存在。使用 var_filter 函数的时候，需要指定响应变量，并赋值给 y 参数（这里我们的响应变量为 "y"）。

```
p_load(scorecard)
```

```
dt_f = var_filter(copy(risk_reduced), y="y")      # 使用 copy() 函数防止原始数据集被
                                                    篡改
```

```
## [INFO] filtering variables ...
```

```
dt_f %>% as_tibble
```

```
## # A tibble: 6,687 x 46
##     x_002 x_014 x_018 x_020 x_024 x_027 x_034 x_035 x_041 x_042 x_043 x_044
##     <int> <int> <int> <int> <int> <int> <int> <int> <int> <int> <dbl> <dbl>
## 1     25     0     0     5     1     2     3     9     7     3  2.33  1.52
## 2     32     1     1     2     0     1     4     3    24     4  6     1.73
## 3     29     1     1     6     2     2     6     4    39     6  6.5   1.27
## 4     31     1     1     5     0     1     7     0     8     6  1.33  2.53
## 5     42     0     0     5     0     1     6     2     7     3  2.33  3.97
## 6     43     1     1     1     0     0     3     0     9     6  1.5   1.77
## 7     37     0     0     3     0     1     4     0     6     2  3      300
## 8     28     1     1     2     0     0     3     2    19     5  3.8   2.11
## 9     46     0     0     8     0     1     8     7    79     6 13.2   1.41
## 10    38     1     1     3     0     1     7     1    35     6  5.83  1.37
## # ... with 6,677 more rows, and 34 more variables: x_046 <dbl>,
## #    x_057 <dbl>, x_060 <dbl>, x_061 <dbl>, x_131 <dbl>, x_132 <int>,
## #    x_134 <int>, x_137 <int>, x_139 <int>, x_142 <int>, x_144 <int>,
## #    x_149 <int>, x_151 <int>, x_153 <int>, x_154 <int>, x_157 <int>,
## #    x_158 <int>, x_162 <int>, x_164 <int>, x_166 <int>, x_169 <int>,
```

```
## #    x_170 <int>, x_175 <int>, x_177 <int>, x_180 <int>, x_183 <int>,
## #    x_188 <int>, x_189 <int>, x_192 <int>, x_193 <int>, x_195 <int>,
## #    x_197 <int>, x_199 <int>, y <int>
```

可以看到变量数量又减少了，这次剩下 46 个变量。下面我们使用 WOE 编码对数据进行特征工程，它会先对数据进行分箱，然后进行 WOE 编码：

```
bins = woebin(dt_f,y = "y") # 获得分箱规则
```

```
## [INFO] creating woe binning ...
```

```
## Warning in e$fun(obj, substitute(ex), parent.frame(), e$data):
## already exporting variable(s): dt, xs, y, breaks_list, special_values,
## init_count_distr, count_distr_limit, stop_limit, bin_num_limit, method
```

```
## [INFO] Binning on 6687 rows and 46 columns in 00:00:13
```

```
bins # 查看分箱规则
```

```
## $x_002
##    variable        bin count count_distr good bad   badprob         woe
## 1:    x_002 [-Inf,28) 1710   0.2557201 1211 499 0.2918129  0.21181726
## 2:    x_002   [28,30) 1044   0.1561238  757 287 0.2749042  0.12853187
## 3:    x_002   [30,34) 1838   0.2748617 1370 468 0.2546246  0.02431518
## 4:    x_002 [34, Inf) 2095   0.3132945 1677 418 0.1995227 -0.29086742
##        bin_iv   total_iv breaks is_special_values
## 1: 0.0120671027 0.03943994     28           FALSE
## 2: 0.0026610672 0.03943994     30           FALSE
```

```
## 3: 0.0001634916 0.03943994      34          FALSE

## 4: 0.0245482825 0.03943994      Inf         FALSE

##

## ... （内容太多，只显示第一个变量的分箱结果）


dt_woe = woebin_ply(dt_f,bins = bins) #得到分箱后的结果


## [INFO] converting into woe values ...


## Warning in e$fun(obj, substitute(ex), parent.frame(), e$data): already
## exporting variable(s): dt, bins, xs
```

特征工程做完之后，需要把数据集分为训练集和验证集，这样我们就可以知道训练出来的机器学习模型在新的数据中是否也有效。我们使用 scorecard 包的 split_df 函数来完成这个任务，这个函数会自动设置随机种子（默认随机种子为 seed = 618），让结果具备可重复性：

```
dt_woe_list = split_df(dt_woe,y = "y")

label_list = lapply(dt_woe_list, function(x) x$y)
```

dt_list 是一个列表，包含两个 data.table，名称分别为 train 和 test。其中 train 的样本量为总样本量的 70%（默认划分比例，可以通过调整 ratio 参数进行更改）。我们现在构建简单的逻辑回归来训练模型：

```
m1 = glm( y ~ ., family = binomial(), data = dt_woe_list$train) #构建逻辑回归模型


#下面代码需要等待较长时间

m_step = step(m1, trace = FALSE)    #进行逐步回归，再次筛选关键变量，得到最佳的模型


m_step


##
```

```
## Call:  glm(formula = y ~ x_002_woe + x_020_woe + x_024_woe + x_035_woe +

##      x_042_woe + x_043_woe + x_046_woe + x_057_woe + x_061_woe +

##      x_139_woe + x_142_woe + x_153_woe + x_154_woe + x_170_woe +

##      x_175_woe + x_177_woe + x_189_woe + x_193_woe + x_195_woe,

##      family = binomial(), data = dt_woe_list$train)

##

## Coefficients:

## (Intercept)     x_002_woe      x_020_woe      x_024_woe      x_035_woe

##     -1.1320        0.4722         1.0319         0.9122         1.5883

##   x_042_woe      x_043_woe      x_046_woe      x_057_woe      x_061_woe

##      0.3319        0.4322         0.5057        -0.5109         0.2088

##   x_139_woe      x_142_woe      x_153_woe      x_154_woe      x_170_woe

##      0.3061        0.3895         0.6965        -0.4841         0.4157

##   x_175_woe      x_177_woe      x_189_woe      x_193_woe      x_195_woe

##     -0.9042        0.3384         0.3584        -0.3148         0.4619

##

## Degrees of Freedom: 4621 Total (i.e. Null);  4602 Residual

## Null Deviance:        5150

## Residual Deviance: 4459   AIC: 4499
```

这样就得到了模型 m_step。下面要对模型进行评估:

```
# 使用模型对训练集和测试集进行预测

pred_list = lapply(dt_woe_list, function(x) predict(m_step, x, type='response'))


# 把预测结果与真实结果进行比较

perf = perf_eva(pred = pred_list, label = label_list)
```

```
## [INFO] The threshold of confusion matrix is 0.2181.
```

观察训练集与测试集的混淆矩阵

```
perf$confusion_matrix
```

```
## $train
##    label pred_0 pred_1       error
## 1:     0   2057   1431  0.4102638
## 2:     1    257    877  0.2266314
## 3: total  2314   2308  0.3652099
##
## $test
##    label pred_0 pred_1       error
## 1:     0    879    648  0.4243615
## 2:     1    145    393  0.2695167
## 3: total  1024   1041  0.3840194
```

　　从结果中可以看出，很多没有违约的用户被评为违约，也就是"错杀"了很多用户。这个在实际场景中，一方面存在类失衡的问题，需要进行调整；另一方面也可以通过调整判断阈值来进行处理。机器学习是个很深的领域，例如，我们这个例子中，也可以先划分数据集，然后再进行特征工程；采样的时候，可以利用 k 折交叉验证或 bootstrap 的方法来减少随机因素的影响。如果对机器学习不熟悉，可以把本章的内容留到以后再研究。但是毋庸置疑，要顺利完成机器学习，就离不开常规的数据清洗和预处理，因此更需要加深对 dplyr 包和 data.table 包的熟悉程度，从而能够自如地对数据进行丰富多样的转换。

致　谢

　　这本书的完成，首先要感谢我的博士生导师赵斌教授。他对研究生的学术自由给予了充分的尊重，并正确地引导我利用数据科学来解决有意思的科学问题。入学之初，我购买了很多修习数据处理技术的图书，其中大部分都是关于 R 语言的图书。现在看来，这些书中能够让我反复阅读、常读常新的只有寥寥数本。尽管如此，如果没有当初庞大的阅读量，又怎能找到这些真正对自己有帮助的图书？这些积累都没有白费，让我在后期科研数据的处理中游刃有余，这样才能够把更多的时间花在问题的思考上，从而提高科研成果产出的效率。与此同时，我对 R 语言和数据分析的认识也更加深入。其次，要感谢复旦大学大数据学院的荀晓蕾老师和毛晓军老师，在担任他们的课程助教时，我学到了很多东西，得到了很多在教学方面和实践方面的启发。感谢我的母校华东师范大学，在启蒙老师沈国春的生态统计课程上，我首次接触到了 R 语言。感谢北京大学出版社的各位编辑，他们辛勤负责的工作让这本书得到进一步的完善。同时要感谢跟我共同交流、共同进步的各位同学和朋友，特别是 Kate。感谢我的父母，给了我生命和温暖的家庭，在我的一生中给了我无微不至的关怀。最后，让我把最崇高的敬意献给 R 语言开源社区的贡献者，他们辛勤地写代码，并无私地分享给社区；他们将积累的经验津津乐道地彼此分享；他们的努力汇聚成了一股坚实的力量，犹如激流一般，向大数据时代给人类带来的挑战发起一次又一次的冲击。

黄天元

于广东肇庆西江河畔